W0269645

VERJÜNGUNG

DURCH EXPERIMENTELLE NEUBELEBUNG DER ALTERNDEN PUBERTÄTSDRÜSE

VON

DR. MED. ET PHIL. H. C.

E. STEINACH

O. Ö. UNIVERSITÄTS-PROFESSOR UND VORSTAND AN DER BIOLOGISCHEN
VERSUCHSANSTALT DER AKADEMIE DER WISSENSCHAFTEN IN WIEN

MIT 7 TEXTABBILDUNGEN
UND 9 TAFELN

BERLIN

VERLAG VON JULIUS SPRINGER

1920

ISBN 978-3-642-98197-5   ISBN 978-3-642-99008-3 (eBook)
DOI 10.1007/ 978-3-642-99008-3

Sonderabdruck aus Roux' Archiv für Entwicklungsmechanik, Bd. 46.
Ausgegeben am 9. Juni 1920.

DEM MEISTER
ENTWICKLUNGSMECHANISCHER FORSCHUNG

WILHELM ROUX

ZUM 70. GEBURTSTAGE

IN VEREHRUNG GEWIDMET

Inhalt.

Anhang.

I. Entwicklung des Problems.

Festlegung der hauptsächlichen Befunde im Jahre 1912.

Im Jahre 1910 habe ich meine ersten Versuchsreihen über Transplantation der Keimdrüsen veröffentlicht[1]). Sie erbrachten den Nachweis, daß bei den Säugern die Erscheinungen der Pubertät und der sexuellen Entwicklung in körperlicher wie seelischer Beziehung von den biochemischen Wirkungen der aus den inkretorischen Elementen der Keimdrüse entspringenden Hormone beherrscht werden. Wesen und Reichtum dieser hormonalen Einflüsse treten aber erst durch die methodische und inhaltliche Erweiterung dieser Versuche in den Vordergrund.

Durch Implantation weiblicher Gonaden in kastrierte Männchen werden bei diesen die weiblichen Geschlechtsmerkmale, durch Implantation männlicher Gonaden in kastrierte Weibchen werden bei diesen die männlichen Geschlechtsmerkmale zum Wachstum gebracht. Der Einfluß der jeweils tätigen Pubertätsdrüse erstreckt sich nicht allein auf die somatischen, sondern auch auf die psychischen Sexuszeichen. Die Psyche des feminierten Männchens ist „weiblich erotisiert", sein Verhalten wird typisch weiblich; die Psyche des maskulierten Weibchens ist „männlich erotisiert", sein Verhalten wird typisch männlich. Es kommt somit zu einer vollständigen Umwandlung des Geschlechtscharakters.

Die Ergebnisse der „experimentellen Feminierung[2]) und Maskulierung"[3]) haben des weiteren sichergestellt, daß die Sexualhormone „geschlechtsspezifisch" wirken. Das männliche Hormon vermag nur die männlichen, das weibliche nur die weiblichen Geschlechtsmerkmale zur Ausbildung zu bringen. Mit dieser

---

[1]) Steinach, Geschlechtstrieb und echt sekundäre Geschlechtsmerkmale als Folge der innersekretorischen Funktion der Keimdrüsen. (Drei Mitteilungen.) Zentralbl. f. Physiol. Bd. 24. 1910.

[2]) Steinach, Willkürliche Umwandlung von Säugetiermännchen in Tiere mit ausgeprägt weiblichen Geschlechtscharakteren und weiblicher Psyche. Pflügers Arch. Bd. 144. 1912.

[3]) Steinach, Feminierung von Männchen und Maskulierung von Weibchen. Zentralbl. f. Physiol. Bd. 27. 1913.

Steinach und Holzknecht, Arch. f. Entw.-Mech. Bd. 42. 1916.

Eigenschaft der „Geschlechtsspezifität" hängt auch der „Antagonismus der Sexualhormone" zusammen, welcher darin gipfelt,
daß die Pubertätsdrüse bloß die ihr homologen Geschlechtsmerkmale
fördert, die ihr heterologen hingegen hemmt.   Aus dieser Doppelfunktion, aus dem Ineinandergreifen der fördernden und hemmenden Faktoren resultiert also die männliche oder weibliche Gestaltung
und Sexualstimmung des Individuums[1]).

Wie aber, wenn in einem und demselben Individuum sich
Charaktere beiderlei Geschlechtes vereinigen?   Diese Verhältnisse
haben durch die „experimentelle Hermaphrodisierung"
ihre Aufklärung gefunden[2]).   Durch letzteres Verfahren ist es möglich geworden, hermaphroditische und homosexuelle Tiere in mannigfaltiger Ausbildung operativ herzustellen und es mußte aus
diesen Resultaten geschlossen werden, daß alle Zwittererscheinungen
genetisch gleichwertig und zurückzuführen sind auf eine zwittrig
veranlagte Pubertätsdrüse, welche ihr Entstehen einer unvollständigen Differenzierung des Keimstockes verdankt.   Histologische
Untersuchungen an hermaphroditischen Tieren und Menschen haben
die Richtigkeit dieser Schlußfolgerung bestätigt[3]).   Wir hätten uns
also von der allgemeinen Bedeutung der Pubertätsdrüse folgendes
Bild zu machen:

Entwickeln sich kraft durchgreifender Differenzierung der
Keimstockanlage Pubertätsdrüsen, deren Elemente weitaus überwiegend dem einen oder anderen Geschlechte zugehören, so entstehen ausgesprochen männliche oder weibliche Individuen.   Ist
hingegen die Differenzierung des Keimstockes unvollständig und
entwickeln sich dadurch zwittrige Pubertätsdrüsen, so entstehen
Zwitter, und zwar je nach der Aktivität der geschlechtsverschiedenen Pubertätsdrüsenzellen jeweils eine der unzähligen Formen
des Hermaphrodismus.

Das sind in den Hauptpunkten und in kürzester Zusammenfassung die Forschungsergebnisse der letzten
10 Jahre, soweit sie von mir in bezug auf den Charakter
und den Umfang der Pubertätsdrüsenfunktion erhoben
worden sind.

<hr>

[1]) Vgl. auch A. Lipschütz, Die Gestaltung der Geschlechtsmerkmale durch
die Pubertätsdrüsen. Arch. f. Entw.-Mech. Bd. 44, 1918.

[2]) Steinach, Pubertätsdrüsen und Zwitterbildung. Arch. f. Entw.-Mech.
Bd. 42. 1916.

[3]) Steinach, Künstliche und natürliche Zwitterdrüsen und ihre analogen
Wirkungen. Drei Mitteilungen. Mit 1 Tafel. Arch. f. Entw.-Mech. Bd. 46: 1920.

Steinach, Histologische Beschaffenheit der Keimdrüse bei homosexuellen
Männern. Mit 3 Tafeln. Arch. f. Entw.-Mech. Bd. 46. 1920.

Ich habe aber das Problem noch in einer anderen Richtung verfolgt. Es schien mir wichtig, die hormonale Funktion der Keimdrüse im Laufe des individuellen Lebens auf ihre Dauer oder zeitliche Begrenzung hin zu untersuchen.

In den beifolgenden Abbildungen (1—4), welche von den Transplantationspräparaten des Jahres 1910 stammen, ist der Einfluß der Pubertätsdrüse auf die Entwicklung des jugendlichen Tieres veranschaulicht, und zwar wird dieser Einfluß an der Hand der augenfälligsten sekundären (accidentellen) Geschlechtsmerkmale des Rattenmännchens, an Samenblasen, Prostata und den Schwellkörpern des Penis übersichtlich dargestellt.

Beim infantilen Tier (Abb. 1) sind die Organe bereits angedeutet, aber unentwickelt. Wächst das Tier heran, so entfalten sich die sekundären Merkmale zur Vollreife, füllen sich mit Sekret und werden zu großen strotzenden Gebilden (Abb. 2). Entfernt man die Hoden beim infantilen Männchen, so entsteht ein Frühkastrat (Abb. 3); er ist im Umriß und in Größe dem Vollmännchen ähnlich, aber seine Sexuszeichen sind auf der infantilen Stufe stehengeblieben oder sogar ganz rückgebildet. Läßt man hingegen das infantile Tier nicht als Kastrat aufwachsen, sondern implantiert man ihm einen oder zwei Hoden, so bilden sich diese unter Zugrundegehen der Samenzellen und unter Wucherung der Zwischenzellen zu kräftigen kompakten Pubertätsdrüsen um. Unter dem Einfluß dieser reichen Hormonquelle entfalten sich die Sexualmerkmale des Implantationstieres (Abb. 4) zu einer Ausprägung, welche die der natürlichen Männchen nicht bloß erreicht, sondern oft weit übertrifft. Letzteres gilt noch besonders für die Erotisierung und für die lebhaften Äußerungen des Geschlechtstriebs. Es ist durch die Wucherung der Pubertätsdrüse statt einfache Maskulierung eine „Hypermaskulierung" entstanden.

Der Unterschied zwischen dem unbeeinflußten Kastraten und dem hormonal beeinflußten Implantationstier ist höchst geeignet, von der Leistung der Pubertätsdrüse die richtige Vorstellung zu geben. Der Kontrast im Aussehen der Geschlechtsmerkmale des Kastraten und des Implantationstieres läßt sich in analoger Weise beim Weibchen darstellen. Als Vergleichsobjekte dienen hierbei Uterus und Mamillae. Die „Hyperfeminierung" läßt sich auch durch Ovarbestrahlung jungfräulicher Weibchen hervorrufen[1]).

---

[1]) Steinach und Holzknecht, Erhöhte Wirkungen der inneren Sekretion bei Hypertrophie der Pubertätsdrüsen. Arch. f. Entw.-Mech. Bd. 42. 1916.

Abb. 1.
Normales einmonatiges Männchen.
Sekundäre Geschlechtsmerkmale (Samenbläschen, Prostata, Penis) unentwickelt.
Sb Samenbläschen, *Pr* Prostata, *Ho* Hoden, *Hb* Harnblase, *Vd* Vas deferens.

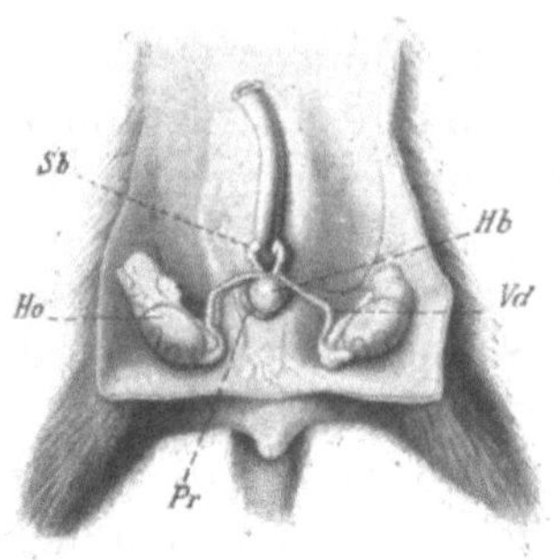

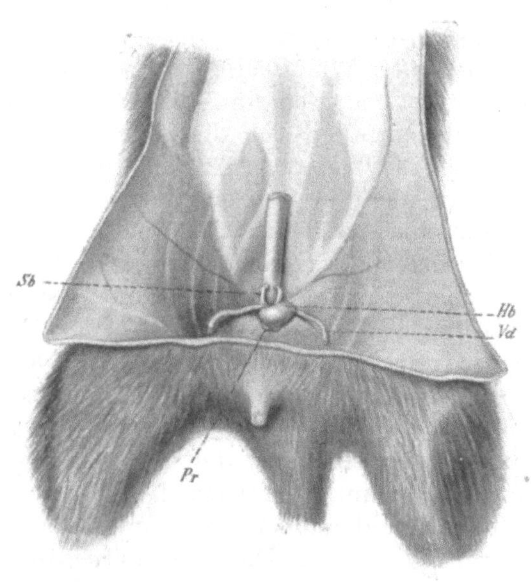

Abb. 3.
Ausgewachsener Frühkastrat.
Sekundäre Geschlechtsmerkmale (Samenbläschen, Prostata, Penis)
auf infantiler Stufe stehen bleibend.

Abb. 2.
Normales ausgewachsenes Männchen.
Sekundäre Geschlechtsmerkmale voll entwickelt.

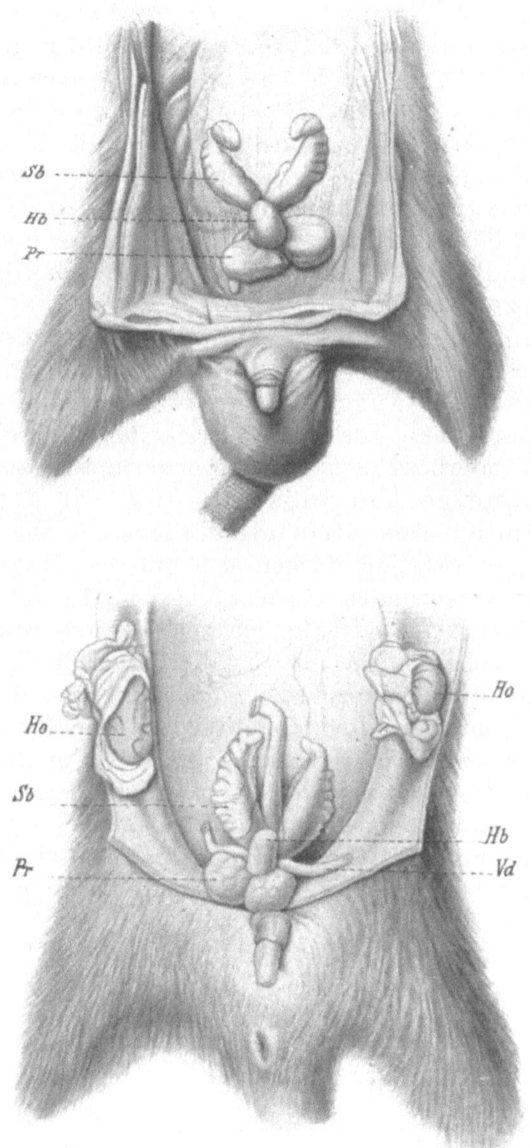

Abb. 4.
Ausgewachsenes Transplantations-Tier.
Hoden im Alter von 4 Wochen transplantiert. Sekundäre Geschlechtsmerkmale
mächtig entwickelt. Libido und Potenz hohen Grades.

Diese Befunde haben noch eine wesentliche Ergänzung
erfahren. Wenn man wenig Pubertätsdrüsensubstanz
in den Kastraten verpflanzt, oder auch, wenn das Trans-
plantat nur zum Teile anheilt, so wachsen auch die Geschlechtsmerkmale nicht bis zur Vollendung. Sie nehmen eine Mittelstellung ein zwischen Kastratentum und
Vollreife. Man kann auf diese Weise experimentell eine
ganze Stufenleiter der somatischen und funktionellen
Geschlechtscharaktere herausarbeiten (Eunuchoidismus). Und umgekehrt kann man die ausgereiften Sexuszeichen zur Rückbildung zwingen, wenn man die an-
gewachsenen Pubertätsdrüsen operativ verkleinert oder
wiederabträgt.

Beide Versuche erweisen die strenge Proportion zwischen Menge oder Aktivität des inkretorischen Gewebes
einerseits und der ausgelösten Wirkung auf die Sexuszeichen anderseits. Die unterentwickelten Samenblasen, Prostata, Corpora cavernosa penis des hormonarm aufgezogenen Tieres
zeigen vollständige Übereinstimmung mit den rückläu-
figen Zuständen des alternden Tieres. Die Folgen un-
genügender Innensekretion decken sich mit den Folgen der nach-
lassenden oder vergehenden Hormonbildung. In unseren Experimenten am Kastraten[1]) spiegeln sich die Vorgänge des natürlichen
Lebenslaufs. Volle Entfaltung der körperlichen und seelischen
Geschlechtscharaktere führt zu strotzender Jugend und Reife, Rückgang der Erscheinungen gibt dem Alter das Gepräge. **Wenn aber
dieser Aufstieg und Abstieg zum großen Teil von der Pubertätsdrüse beherrscht wird, dann drängt sich die Frage auf: Ist es
möglich, jenem Rückgang Einhalt zu gebieten? Ist es möglich,
durch Neubelebung der alternden Pubertätsdrüse die Attribute der
Jugend noch einmal oder wiederholt im Individuum hervorzurufen?
Ist Verjüngung möglich?**

Ich habe unter dem Eindruck meiner Versuche im
Jahre 1910 diese Frage sofort aufgegriffen und habe die
Antwort in bejahendem Sinne erteilen können. In der
Sitzung der Akademie der Wissenschaften in Wien vom **5. De-
zember 1912** legte ich ein Schreiben vor, welches bereits die
Haupttatsachen der gegenwärtigen Untersuchung ent-
hält und welches im Anhange dieser Arbeit reproduziert wird.

---

[1]) Steinach, Zentralbl. f. Physiol. Bd. 24. 1910 (Versuche an Frühkastraten).
Vgl. auch meine Versuche an Spätkastraten (1912—15). Arch. f. Entw.-Mech.
Bd. 46. 1920. (In der Arbeit: Künstliche und natürliche Zwitterdrüsen und ihre
analogen Wirkungen.)

Ich habe zwar die Resultate im Laufe der Jahre einigen wenigen Kollegen und Freunden demonstriert, unterließ jedoch bisher die weitere Veröffentlichung aus mehreren Gründen. Erstens wollte ich das Problem an einem größeren und verläßlichen Material seniler Tiere untersuchen, deren Anschaffung und Heranziehung aber der Jahre bedurfte. Zweitens wollte ich es unbedingt vermeiden, daß vor gründlicher Durcharbeitung und Kontrollierung der Befunde die breite Öffentlichkeit sich mit der Frage befaßt, was gar leicht zu einer vorzeitigen Übertragung der theoretischen Ergebnisse auf den Menschen und zumal in den Kriegsjahren zu einer seichten und reklamehaften Behandlung des Gegenstandes hätte verlocken können.

Heute, wo die Kenntnis von der Funktion der Sexualhormone Gemeingut der Gebildeten ist; wo an den verschiedensten Punkten der wissenschaftlichen Betriebe über die Pubertätsdrüse und deren Wirkungen gearbeitet und geschrieben wird; wo ich selbst schon bei mancher Gelegenheit — so bei meiner Mitteilung mit **Lichtenstern** über die Heilung der Kastrationsfolgen und der Homosexualität beim Menschen[1]) und zuletzt bei meinen Transplantationen beim männlichen und weiblichen Spätkastraten[2]) — auf die Möglichkeit der Wiederbelebung und Erneuerung verblühender Geschlechtscharaktere aufmerksam gemacht und damit schon die vorliegende Frage berührt habe; heute ist das „nonum primatur in annum" verwirklicht und ich kann die neue Arbeit ohne Bedenken ebenso dem Interesse der engeren Fachgenossen wie dem der ärztlichen Kreise unterbreiten.

II. Auswahl und Eignung der senilen Ratte als Versuchstier.

Ich habe wieder an Ratten (*Mus decumanus*) gearbeitet, denen ich schon so manchen Fortschritt in der Forschung verdanke. Zunächst beanspruchen Anschaffung und Aufzucht, Fütterung und Haltung, Pflege und Vorbereitung weniger Personal und Spesen als bei größeren Tieren. Abgesehen von solchen ökonomischen Bedingungen, welche bei der Dürftigkeit meiner Arbeitsmittel allerdings in die Wagschale fielen, hatte die Wahl der Ratte eine Reihe besonderer versuchs-

---

[1]) Münchn. med. Wochenschr. Nr. 6. 1918.
[2]) Arch. f. Entw.-Mech. Bd. 46.

technischer Vorzüge: Die aus den Zuchten ausgesuchten Tiere können reich an Zahl im Laboratorium untergebracht werden. Die Käfige sind durchsichtig und mit Einrichtungen versehen, welche den Gewohnheiten der Tiere entsprechen und die stetige Reinhaltung ermöglichen. Die Käfige sind längs der Wände aufgestellt, in jedem Moment des Tages oder der Nacht zu überschauen und zu kontrollieren. Das ganze Leben und Treiben spielt sich vor den Augen des Beobachters ab. Keine Regung des Temperaments, kein Rückschritt oder Fortschritt der Beweglichkeit oder Kraft, kein Zeichen von sexueller Lust oder Unlust bleibt hier dem prüfenden Blick verborgen. Da gerade den Proben auf den Geschlechtstrieb beim Verfolgen der Alterserscheinungen eine wichtige Rolle zukommt, so eignet sich keines der im Laboratorium haltbaren Tiere so ausgesprochen für diese langdauernden Versuche. Denn nirgends begegnet man einer so heftigen sexuellen Erregbarkeit und nirgends sind daher auch die Schwankungen oder Störungen der Libido in so hohem Grade auffallend. Beweisend für die Intensität des normalen Geschlechtstriebs ist lediglich das Verhalten der Männchen **dem brünstigen Weibchen** gegenüber. Nur bei diesem vollziehen sie den typischen Akt; bei den nichtbrünstigen, sich wehrenden Weibchen können sie nicht und wollen sie ihn auch nicht erzwingen. Die Potenzproben stellen daher die Forderung, jeden Moment ein brünstiges Weibchen zur Verfügung zu haben und diese unerläßliche Bedingung ist wieder nur innerhalb einer großen Rattenzucht erfüllbar.

Alte Männchen sind schwer käuflich zu bekommen und wenn dies der Fall, so befinden sie sich zumeist in einem kranken und elenden Zustand. Man ist daher durchschnittlich auf die Auslese aus eigener Zucht angewiesen und da bedeutet die kurze Lebenszeit, das bald erreichbare Senium einen großen methodischen Vorteil. Mit eindreiviertel bis zweieinviertel Jahren sind unsere Tiere reif und bereit zum Verjüngungsversuch.

Endlich sei hervorgehoben, daß der Kontrast im allgemeinen Verhalten und Aussehen, im Zustand der oben demonstrierten und der übrigen Geschlechtsmerkmale, in der Reaktion auf Sinnesreize, und namentlich im sexuellen Benehmen bei jungen und alten Tieren so feststeht, daß eine Täuschung von vornherein ausgeschlossen ist, da eine wirkliche Verjüngung sich Schritt für Schritt durchsetzen und alle ihre physiologischen und anatomischen Kennzeichen vorzeigen muß. Auch in diesem Sinne schien die Entscheidung für unser Versuchstier mehr wie gerechtfertigt.

Ein Nachteil allerdings macht sich dabei geltend. Die kurze Lebenszeit bedingt ein kurzes Senium. Nach meiner züchterischen Erfahrung, die sich über mehr als zwei Jahrzehnte erstreckt, kann ich sagen, daß die weiße Ratte und deren Kreuzungen mit der wilden Hausratte in unserem Klima und beim üblichen Futter (Magermilch, Brot, Mais, Abfälle), wenn keine interkurrierenden Krankheiten auftreten, ein durchschnittliches Alter von 27—30 Monaten erreichen. 30 Monate ist schon eine hohe Grenze. Ein Alter von über 30 Monaten gehört zu den äußersten Seltenheiten. Etwa zwischen dem 18. und 23. Monat beginnen die Alterserscheinungen deutlich zu werden. Das Stadium der Greisenhaftigkeit, d. i. die Spanne zwischen dem Anfang des Niedergangs und dem natürlichen Ende, beträgt also nur wenige Monate. Innerhalb dieser Spanne werden viele von Krankheiten betroffen und dabei gehen oft die besten Versuchstiere verloren. Aber das stets nachwachsende Material mit seiner automatischen Greisenerzeugung vermag diesen Übelstand auszugleichen.

III. Beobachtungen, Kautelen und Proben vor der Operation.

Aus vorstehendem ergibt sich schon, daß das Verfahren etwas verschieden sein muß, je nachdem selbstaufgezogene oder eingelieferte alte Tiere in Betracht kommen.

Letztere sind oft nicht so alt als sie aussehen. Schlechte Fütterung, unreine Haltung, Hautkrankheiten, Verlausung haben sie heruntergebracht und haben bei ihnen die typischen Alterszeichen vorzeitig hervorgerufen. Sie erinnern lebhaft an Menschen, welche durch Unterernährung und harte körperliche Arbeit oder Kriegsstrapazen früh alt geworden sind. Solche Tiere werden einer Art Quarantäne unterzogen. Wenn sie nach wirksamer, wenn nötig wiederholter Entlausung[1] diese bei guter Fütterung und Pflege überstehen, und wenn sich in ihrem Äußeren und senilen Charakter innerhalb 2—3 Monate nichts ändert, so sind es ausgezeichnete Versuchsobjekte. Bessern sich aber die Alterserscheinungen, so sind sie als mittelalt noch zurückzustellen, bis ihr endgültiger Verfall als echtes Senium wiederkehrt.

Beim selbstaufgezogenen Männchen entfallen diese Vorsichtsmaßregeln. Sein Alter ist bekannt; die Bedingungen, unter denen es

---

[1] Vorzüglich wirkt eine Lösung von 1 g Menthol in 400 Spiritus und Verdünnung mit 5—600 Wasser. Gut verwendbar ist auch eine Lösung von 1 Löffel käuflichem Lysol in etwa 3 Liter Wasser. Die Tiere werden einzeln in einem kleinen Aquarium oder Topf ein paar Sekunden in die Flüssigkeit eingetaucht und dann auf trockener Streu in die Wärme gebracht. Bei schwachen Tieren, die gegen die Lösung äußerst empfindlich sind, empfiehlt sich statt der Eintauchung einfaches Bestreichen des ganzen Körpers mit einem durchtränkten Wattebausch.

in Gemeinschaft mit mehreren Weibchen aufwächst, sind gleichbleibend. Das Senium entwickelt sich im normalen Lebensverlauf. Hier handelt es sich nur darum, den Beginn der ausgeprägten und nun fortschreitenden Alterserscheinungen festzustellen und genau zu verfolgen. Dieser Beginn ist großen Schwankungen unterworfen. Er besteht in Gewichtsverlust, Haarverlust am Hodensack und anderen Hautpartien und herabgesetzter oder fehlender Libido und Potenz. Die Anfangssymptome können als Komplex auftreten oder nacheinander; sie können schon mit $1^1/_2$ Jahren oder erst mit $2^1/_2$ Jahren manifest werden, sie können schließlich das Tier ganz allmählich oder überraschend schnell in den schweren senilen Zusammenbruch hineintreiben.

Das Kahlwerden des Hodensacks, nackte Stellen am Rücken und Schenkel fallen ohne weiteres auf.

Der Gewichtsverlust wird durch regelmäßige Wägung bestimmt. Die folgende Wägungstabelle zeigt an einigen Beispielen, wie beim alternden Tier nach der Periode der Konstanz oder der gewöhnlichen Oszillation das Gewicht ziemlich plötzlich hinabsinkt.

Tabelle I.

Gewichtsabnahme alternder Tiere.

Bezeichnung der Tiere	Datum der Wägung und Gewichte in g									
	8. II.	22. II.	6. III.	22. III.	3. IV.	17. IV.	1. V.	14. V.	28. V.	12 VI.
Weiß A . .	332	332	330	328	302	283	281	270	—	—
Grau-Weiß .	—	271	265	270	270	272	263	260	251	240
Weiß B . .	298	295	295	290	298	280	280	272	260	258

Libido und Potenz sind die maßgebenden funktionellen Merkmale. Ihre Prüfung erfordert einige Kritik und Aufmerksamkeit. Es genügt nicht, dem zu prüfenden Männchen ein oder ein paar Weibchen in den Käfig zu setzen. Das Spiel, das nun beginnt, das Hinterherlaufen, Beriechen, Aufeinanderwälzen, das versuchsweise Aufspringen wird zwar die Lust verraten, aber nicht streng beweisen. Denn dieses Spielen und Tollen ist untermischt mit den lebhaften Reaktionen der Neugierde, welche den Tieren in hohem Grade eigen, ob reif oder unreif, ob es Männchen oder Kastraten sind.

Der kritische Moment für den potenten Bock ist die Anwesenheit eines brünstigen Weibchens. Von da ab existiert nichts anderes mehr. Das brünstige Weibchen wird sofort stürmisch verfolgt und unterliegt unter leisem Aufschrei dem kurzen tetanischen

Koitus. Das wiederholt sich nach wenigen Minuten und geht fort durch die paar Stunden der Hochbrunst bis zur Erschöpfung der beiden Partner.

Aber wie immer ein brünstiges Weibchen herausfinden, wenn es die Kontrolle erheischt? Dies geschieht auf dem Wege des „Probierkäfigs". Ein langer Blechkasten — mit schubladenartigen, zur Reinigung dienenden Doppelböden — ist so eingeteilt, daß er durch auf Schienen laufenden Drahtgittern in fünf oder sieben Abteilungen getrennt werden kann. Jede Abteilung ist von vorne durch eine breite Türe versperrbar, die aus einem eisernen Stabgitter besteht und so freie Durchsicht gewährt. An dem einen Ende oder in der Mitte des Käfigs wird nun eine solche Abteilung aktiviert und ein jugendkräftiger Bock („Probierbock") eingesetzt. Der übrige Raum des Käfigs wird mit wenigstens 10—15 Weibchen beschickt, die hier volle Bewegungsfreiheit besitzen und ihre Nester bereiten.

Durch die Isolierung wird der Bock auf der Höhe der Erregbarkeit gehalten. Durch das Gitter sieht er und riecht er die Weibchen. Wird die trennende Wand herausgezogen und die Verbindung hergestellt, so sucht der Bock diese Tiere ab, nimmt gleich die Spur auf und findet das brünstige Weibchen heraus, das er sofort wiederholt bespringt. Nun ergreift man das gewünschte Objekt und überträgt es in den Käfig der zu prüfenden alten Männchen. Der Probierbock wird wieder in die Isolierung zurückgebracht. Wenn man über mehrere solcher Probierkäfige verfügt, kann man fast immer — ausgenommen die Monate Oktober bis Januar — auf ein oder einige brünstige Weibchen rechnen.

Das Resultat der Prüfung der alten Männchen kann ganz verschieden sein:

Erster Fall: Das Männchen gerät durch den Gast sofort in starke Erregung, verfolgt, beschnuppert und koitiert — wenn auch weniger stürmisch und oft als ein jüngeres. Es steht noch nicht im Zeichen der Senilität und man muß abwarten.

Zweiter Fall: Das Männchen erkennt das brünstige Weibchen, beriecht es, beschäftigt sich mit ihm; aber es kommt zu keinem Koitus, vielleicht zu einem schwächlichen Aufsprung ohne Erektion, dem sich das Weibchen entwindet. Bald flaut das Interesse ab und das Männchen zieht sich müde in einen Winkel zurück. Dies ist bereits ein hoher Grad sexueller Schwäche und Seneszenz. Bleibt das Ergebnis bei drei- bis viermaliger Wiederholung der Probe innerhalb der nächsten paar Wochen das gleiche, so ist der etwa mögliche Einwand eines zu frühen Eingriffs ausgeschaltet. Ganz besonders beweisend sind alle jene Tiere, bei denen Abnahme oder Verlust der Potenz in der ersten Hälfte des Jahres eintritt, weil normalerweise in diesen Monaten sich der Trieb am heftigsten äußert.

Dritter Fall: Das brünstige Weibchen läßt den alten Bock kalt. Er bleibt sogar bei aggressivem Benehmen des Weibchens interesselos und stumpf. Der Geschlechtstrieb ist erloschen und es besteht vollständige Impotenz. Dieser Zustand ist meistens vereinigt mit anderen schweren Zeichen der Greisenhaftigkeit. Wenn wiederholte Probe den Befund bestätigt und nicht etwa der körperliche Verfall zu weit vorgeschritten, dann scheint es höchste Zeit für den Verjüngungsversuch.

IV. Organische und funktionelle Unterschiede bei jungen und senilen Tieren.

Im vorstehenden haben wir drei Symptome erörtert, nur insoweit sich durch sie Beginn und Fortschritt der Seneszenz am besten kontrollieren lassen. Wir wollen nun ein Gesamtbild der wesentlichsten Alterserscheinungen bei unserem Versuchstier entwerfen.

Organische Erscheinungen: Hervorstechend ist, wie schon erwähnt, der Haarausfall, welcher am Hodensack (Textabb. 5) schon früh entsteht und sich auf alle Hautpartien ausdehnen kann. Vorzugsstellen sind der Rücken, Oberschenkel, ventraler Hals. Das Nacktwerden erweist sich nicht etwa bloß als Ausdruck eines Haarwechsels; es vergeht nicht, auch nicht nach Reinigung der Haut. Im Gegenteil, die nackten Punkte breiten sich aus, fließen zusammen zu Flecken oder ganzen Feldern (Tafel I—IV, Abb. 1). Statt lokaler Kahlheit kann der Haarausfall mehr allgemeine Form annehmen. Das ganze Fell wird schütter, dürftig, überall bis auf die Haut durchsichtig. Ein solches Tier ist auf den ersten Blick als senil zu erkennen (Textabb. 7).

Zu dieser Haararmut gesellt sich meist die Magerkeit. Mit dem Verlust des Fettpolsters schwinden die Rundungen, die Haut läßt sich vom Körper abheben. Die Abmagerung kann so weit gehen, daß die Knochen herausstehen (Textabb. 5).

Äußerliche Kennzeichen sind schließlich noch die merkliche Länge der Zähne und die Trübung der Augenmedien. Bei einzelnen läßt sich eine Art Star nachweisen.

Nicht weniger charakteristisch erscheinen die Altersveränderungen der inneren Organe. Abgesehen von der Fettlosigkeit des Gekröses, der Trockenheit der Gedärme und Muskulatur, fällt namentlich die Verfassung der sekundären Geschlechtsmerkmale auf (Textabb. 5—6).

Die im Jugendzustand mächtigen, von Sekret gefüllten und ausgebuchteten, durch feine Injektion rosafarbenen Samenblasen sind geschrumpft, leer, welk, blaßgelblich oder weiß. Ebenso sind die Prostatalappen, die bei der Laparotomie sonst wie große graurötliche Beeren hervorquellen, durch Degeneration klein und dürftig, weißgelblich geworden; ihre mit dem inneren Rand der Samenblasen verkitteten Ausläufer sind nahezu ganz geschwunden. Beide Organe machen den Eindruck weitgehender Verkümmerung, wie sie wahrnehmbar wird bei Spätkastration, also nach völliger Ausschaltung der Pubertätsdrüsenfunktion.

Die Hodengröße ist verringert, die Albuginea von vielen hellgelben Streifen und Linien durchzogen. Das Vas deferens, sonst so prall gefüllt, daß seiner ganzen Länge nach der dicke weiße Spermafaden hervorleuchtet, zeigt nur Spuren von Sekret oder ist deutlich leer. Die mikroskopische Untersuchung der senilen Hoden ergibt gewöhnlich folgendes: Die Mehrzahl der Samenkanälchen verengt (große Interstitien bildend); ein kleiner Teil noch mit allen Stadien der Spermatogenese; ein anderer Teil nur degenerierende und kleine Spermatogonien enthaltend; der übrige Teil endlich, bald vereinzelt liegend, bald in ganzen Gruppen vollständig verödet mit sehr verkleinertem Querschnitt, verdickter Wand und ausgenommen die Sertolischen Zellen mit zerstörtem Inhalt (Tafel VIII, Abb. 1). Im höchsten Stadium des Senilismus sind fast alle Samenkanälchen degeneriert.

Die Pubertätsdrüse sowohl in der Zahl als in der Struktur ihrer Elemente vermindert; die vereinzelt liegenden Leydigschen Zellen klein, was auf vermindertes Wachstum, ihr Protoplasma sehr wenig oder gar nicht granuliert, was auf geschädigte Innensekretion und Aktivität hinweist; ein Teil der Zellen ganz degeneriert.

Funktionelle Erscheinungen: Den Unterschied in der Bewegung, im ganzen Leben und Treiben der jungen und greisenhaften Tiere müßte man eigentlich kinematographisch darstellen. Die bloße Beschreibung oder bildliche Vorführung kann diesem Kontrast nicht gerecht werden.

Der junge Bock ist beweglich, munter. In neue Umgebung (z. B. in anderen Käfig) versetzt über alle Maßen neugierig, alles beriechend, bemusternd, besteigend. Wenn man einen zweiten fremden Bock hereinbringt, sofort auf den Hinterbeinen, sprungbereit, angriffslustig und mutig im Kampf, schlimmstenfalls auf Leben und Tod. Wenn man ein Weibchen oder ein neues Weibchen hineingibt, sofort hintennach, unermüdlich im Spielen oder bei Brünstigkeit im Begatten; zwischendurch voller Eitelkeit sich immer putzend und verschönend.

Der alte Bock bewegt sich wenig. Er läuft schlecht. Ein anderes Tier, in den Käfig gebracht, entgeht daher leicht seiner Verfolgung. Den Kampf sucht er nicht auf. Dazu gezwungen, verteidigt er

sich schwach, unterliegt bald und zieht sich eiligst auf sein Lager
zurück. Die ganze anmutige Geschäftigkeit und Neugierde ist geschwunden. Gleichgültig gegen alles, indifferent sogar gegen das
sonst stärkste Reizmittel, gegen das brünstige Weibchen, verbringt er

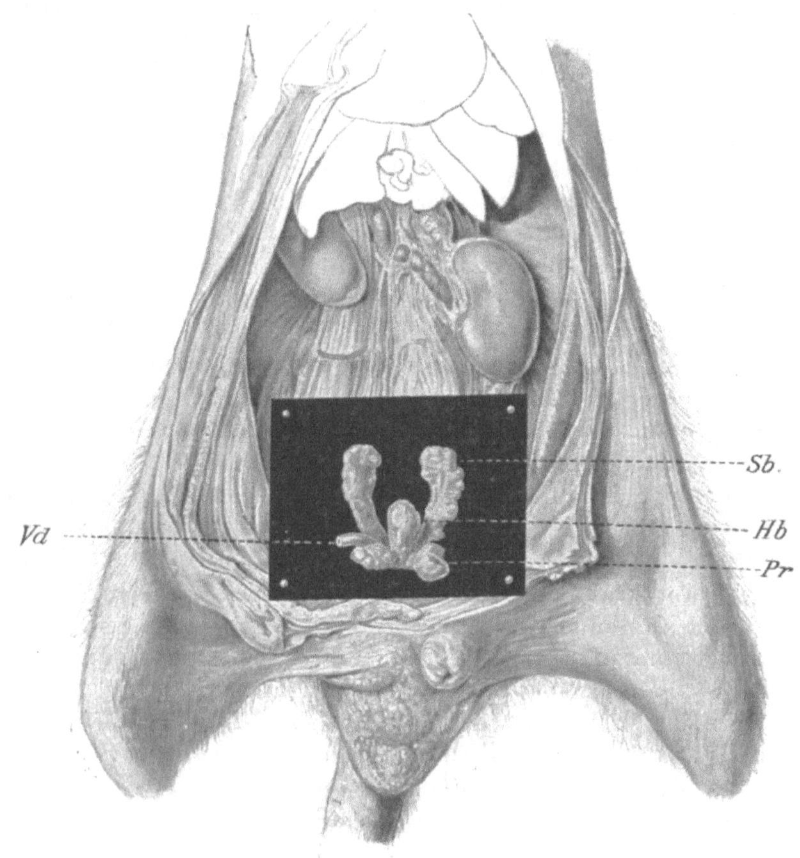

Abb. 5.
Geschlechtsmerkmale des senilen Rattenmännchens (Samenblasen,
Prostata, Hodensack) im atrophischen Zustande. Formolpräparat.
Sb Samenblasen, *Pr* Prostata, *Hb* Harnblase, *Vd* Vas deferens.

seine Zeit meist schlafend, frißt wenig und magert zusehends
ab. Oft geht die Atmung schwer und hörbar vor sich. Der früher
äußerst frequente Herzschlag ist erheblich verlangsamt. Mit
der verminderten geistigen Regsamkeit verbindet sich Apathie und Unempfindlichkeit gegen schädigende Einflüsse. Wäh-

rend das jüngere Tier sich durch fleißiges Putzen und Scheuern sauber, glänzend und frei von Ungeziefer hält, wird das alte Tier schmutzig und verlaust; man muß die Läuse und deren Eier durch obiges Verfahren (S. 15) zerstören, sonst fällt es ihnen vorzeitig zum Opfer.

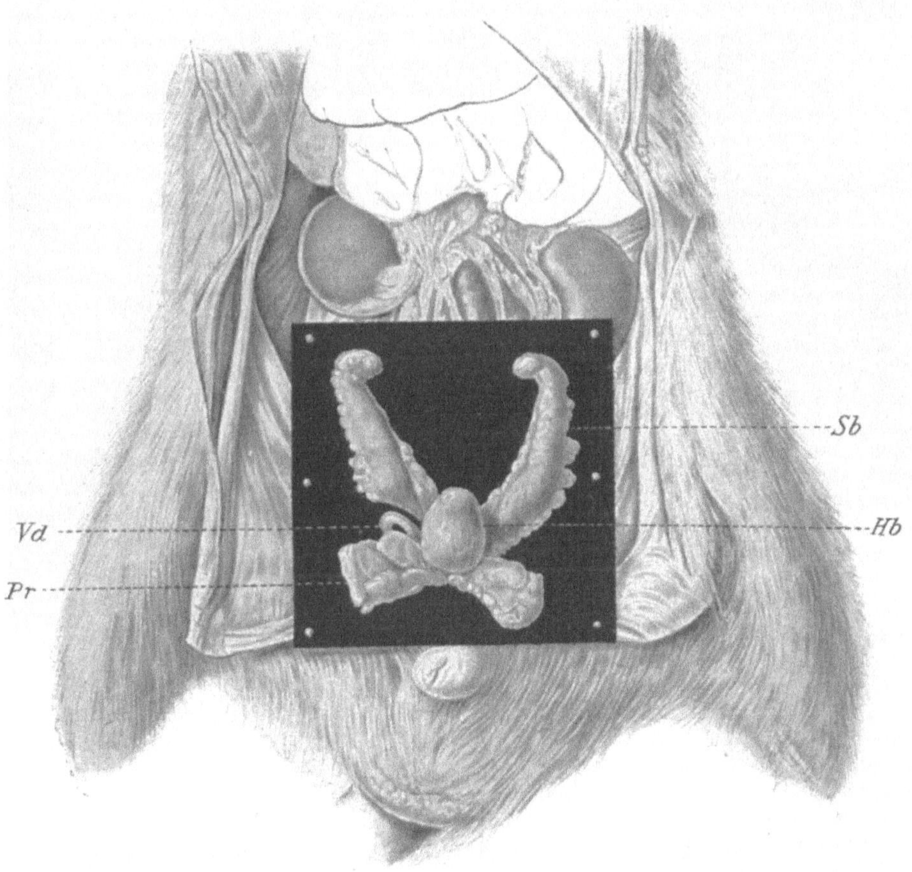

Abb. 6.
Geschlechtsmerkmale des gleichaltrigen Rattenmännchens (Bruders) im regenerierten, verjüngten Zustande.   Formolpräparat.
Sb Samenblasen, *Pr* Prostata, *Hb* Harnblase, *Vd* Vas deferens.

All diese Erscheinungen, wie Müdigkeit, Unbeholfenheit, Unaufmerksamkeit, sexuelle Indolenz und Impotenz sind leicht vor dem Käfig zu ermitteln und zu beobachten.   Aber was auf den ersten Blick und schon von weitem sichtbar, das ist die Haltung.   Das altersschwache Tier steht gebückt, mit gekrümmtem Rücken, den Kopf zu

Boden gesenkt, mit halb oder ganz geschlossenen Augen. Die nähere Untersuchung hat nur mehr die Diagnose des Seniums zu bestätigen (Textabb. 7):

Abb. 7. Vor der Einwirkung (senil).

V. Zeitpunkt und Ausführung des Verjüngungsversuchs.

Da die Organe nicht alle gleichzeitig altern und die Funktionen nicht nach einem Schema, sondern ganz individuell ihre Abschwächung erleiden, so frägt es sich, wann ist der Zeitpunkt gekommen, um den Verjüngungsversuch aufzunehmen?

Für die Beantwortung dieser Frage ist mein Vorgehen allein nicht maßgebend. Mir war es zunächst darum zu tun, sozusagen die Höchstleistung der regenerativen Kräfte zu erproben und zugleich durch lange Beobachtung, Wägung und Kontrollierung dem Einwand zu begegnen, daß der Eingriff zu früh erfolgt sei, oder daß vielleicht allgemeine hygienische Maßregeln wie bessere Ernährung, Reinigung, Desinfektion beigetragen hätten, eine Besserung der Alterserscheinungen herbeizuführen. Durch dieses Prüfen und Zögern bin ich oft zu weit gegangen, bis an die Grenze, wo die fortschreitende körperliche Involution schon den Zusammenbruch einleitet. Dadurch habe ich manches Tier verloren oder manchen Mißerfolg gehabt. Wenn ich mich aber mit dem einen oder anderen typischen Vorboten des Greisentums befaßte, ließ mich der Versuch niemals im Stich, es sei denn, daß hinzukommende Krankheiten, wie Infektion, Tuberkulose, Tumoren den durchdringenden Aufschwung vereitelten. Für etwaige Nachuntersuchung empfehle ich daher, nicht erst auf das Zusammentreffen aller Seneszenzzeichen zu warten, sondern das eine oder andere ausgeprägte Symptom wie Haarausfall, Abmagerung durch reduzierte Nahrungsaufnahme, beginnende Impotenz festzustellen, zu kontrollieren und dann zu handeln. Wo der leichte Eingriff beim Menschen Verwertung finden soll — wir werden darauf besonders eingehen —, da wird man sich erst recht vor Augen halten, daß alles, was im Menschen altert, erneuerungs- und verjüngungswert ist, und man wird daher gegen jenes Symptom den Kampf aufnehmen, welches gerade dem Alternden das Leben am meisten verleidet oder beschwert.

Der Verjüngungsversuch fußt, wie schon in der Einleitung bemerkt, **auf dem Gedanken, den Senilismus der Pubertätsdrüse zu beheben, indem durch künstlich erzeugte Wucherung ihrer Elemente die inkretorische Tätigkeit derselben von neuem entfacht wird.** Wiederholt habe ich hervorgehoben, daß die hormonale Funktion nicht allein darin besteht, die somatischen und psychischen Geschlechtscharaktere zur Ausbildung zu bringen, sondern diese Attribute der Vollkraft während des Lebens auf der Höhe zu bewahren. Wenn dies aus der Einpflanzung und Wiederabtragung der Gonaden, aus der Neufeminierung und Neumaskulierung von Kastraten beim Tier[1]) und beim Menschen[2]) erschlossen werden muß, so ist daraus weiter zu folgern, daß die Pubertätsdrüse sich durch stetige Erneuerung ihrer Elemente automatisch im Schwung hält. Mit dieser Fähigkeit hängen offenbar die individuellen Schwankungen im Absinken der Vollkraft und im Auftreten der Seneszenz zusammen. Zur Zeit, wo die automatische Erneuerung nachläßt oder ganz erlischt, soll nun das biologische Experiment eingreifen und die Funktion der Pubertätsdrüse wiederherstellen.

---

[1]) **Steinach.** Akadem. Anzeig. Wien. Nr. 11. 1919.
[2]) **Steinach** u. **Lichtenstern.** Münchn. med. Wochenschr. **Nr. 6. 1918.**

Verstärktes Wachstum und Wucherung des inkretorischen Gewebes lassen sich durch verschiedene Mittel hervorrufen — durch Unterbindung der Ausführungsgänge, durch Bestrahlung und auch durch
chemische Mittel. Es handelte sich nun darum, dasjenige Verfahren
auszuwählen und auszubilden, welches beim senilen Organismus noch
wirkt, welches möglichst rasch wirkt und welches das allgemeine Befinden des Tieres nicht schädigt. Als solches hat sich die „Unterbindung" bewährt. Bei der ersten Versuchsreihe habe ich noch die Unterbindung der Vasa deferentia. ausgeführt, wie sie zu anderen Zwecken
und Experimenten bekanntlich schon früher oft in Verwendung gekommen war. Dabei ergab sich wegen der Kleinheit der Organverhältnisse die Schwierigkeit, eine Verletzung oder Knickung der äußerst
zarten, auf dem Vas deferens verlaufenden Blutgefäße zu vermeiden.
Die Schonung derselben als Versorger des Hodenparenchyms bedeutete aber für das Gelingen der Operation eine Grundbedingung, bei
deren Vernachlässigung es zu Nekrose und Vereiterung des Hodens kam.

Ich habe daher eine andere Stelle zur Ligatur gesucht und als die
zweckmäßigste den Zwischenraum zwischen Hoden und
Nebenhodenkopf befunden. In diesem lockeren Bindegewebe
ziehen die Ausführungsgänge (Coni vasculosi) getrennt von
den Blutgefäßen, so daß es leicht ist, den letzteren bei der Umfassung der ersteren auszuweichen. Die Methode hat noch den weiteren
großen Vorteil, daß durch die Verkürzung der zu stauenden Wege der
Wachstumsreiz noch früher einsetzt, und die Pubertätsdrüse
entsprechend schneller zu wuchern und zu wirken beginnt. Man
kann die Nebenhodenligatur ebensogut vom Skrotum aus wie vom
Abdomen aus durchführen. Ich habe die Laparotomie vorgezogen, weil es mir in den meisten Fällen daran lag, den Zustand
der sekundären Merkmale (Samenblasen, Prostata) zu besichtigen und zu protokollieren. Die Operationen sind unter strenger
Asepsis ausgeführt worden.

Der Vorgang ist kurz folgender: Ätherisierung in der Glocke, Aufbinden auf den „aseptischen Glas-Tierhalter". Rasieren der Bauchgegend (wenn dies nicht schon am Vortag geschehen); weitere leichte
Narkose mittels „Ätherkappe"; Reinigung der Operationsfläche mit
absolutem Alkohol, dann Bestreichen mit Jodtinktur. Einschnitt längs
der Linea alba, Verlängerung des Schnitts mit der Schere gegen die
Symphyse; Auseinanderbreiten der Wundränder mittels Klemmen,
Inspektion von Samenblasen und Prostata. Hervorziehen und bequeme
Lagerung des Testikels. Doppelte Unterbindung und nachfolgende
Durchschneidung der Samenkanäle zwischen Hoden und Nebenhoden.
Wiederholung auf der Gegenseite. Naht der Bauchwunde und Bestreichen derselben mittels Xeroform-Kollodium.

Das operierte Tier kommt in eine große hohe, oben offenbleibende Glaswanne (Aquarium), auf deren Boden ein Rost aus verzinktem Drahtnetz steht. Der Rost ist mit einer nach Bedarf auszuwechselnden Watteschichte belegt. Durch diese Einrichtung ist ein aseptischer, stets trockener Aufenthalt geschaffen, welcher der Wunde auch beim Hocken der Tiere freien Luftzutritt verschafft und die Heilung per primam beschleunigt. Ein kleines Thermometer kontrolliert die Temperatur, die durch drei Tage auf 25° C zu halten ist. Unmittelbar nach der Operation kann sie auch höher sein, oder das Tier bleibt in Watte gewickelt, um Abkühlung zu verhüten. Nach einer Woche kann man die Nähte entfernen und das Tier in seinen Käfig zurückversetzen.

Wird vom Skrotum aus operiert, so genügt ein kleiner Hautschnitt. Der Testikel wird durch einen Schlitz des inneren Sackes herausgeholt und auf der Glasunterlage unterbunden. Reponierung des Testikels bis in die Bauchhöhle; dann Vernähung des Sackes und der Haut; schließlich Bedeckung der Wunde mit Xeroform-Kollodium[1]).

VI. Verjüngungsversuche an Männchen.

A. Verlauf der Versuche an der Hand der Protokolle und Illustrationen.

Wir lassen nun einige Versuchsprotokolle folgen, teils auszugsweise, teils in ausführlicher Darstellung. Im Zusammenhang mit den demonstrativen Tafelbeilagen gewähren sie einen Einblick in den Gang der Versuche und Beobachtungen, in die vor sich gehenden Veränderungen und Wandlungen; sie ermöglichen somit eine kritische Bewertung der Befunde.

Die photographischen Aufnahmen reproduzieren an je einem und demselben Tiere oder an Vergleichstieren den Eindruck der Seneszenz vor der Operation und den Eindruck der Verjüngung eine Zeit nach der Operation (Tafel I—V).

In den nächsten drei (lithographischen) Tafeln wird nach anatomischen Präparaten der Unterschied wiedergegeben im Zustand der marastischen und der wiederaufgeblühten Geschlechtsmerkmale (Tafel VI und VII).

Die mikroskopischen Tafeln (ebenfalls lithographisch) endlich demonstrieren die primäre Einwirkung der Ligatur, die histologische Darstellung des Wachstums der Pubertätsdrüse, die anfänglich vollständige Degeneration und die später im Stadium der Verjüngung auftretende Regeneration der Samendrüse, wovon im Rahmen der Gesamtergebnisse berichtet werden soll (Tafel VIII—XI).

---

[1]) **Beim Manne** siehe Kap. X.

Scheck. Protokoll Nr. 9. Dauerversuch. Beginn 4. II. 1911. Geb. 1. III. 1909 (23 Monate alt); hat seit Sommer 1910 nicht mehr gezüchtet. Seit Herbst 1910 (September bis November) wiederholt mit brünstigen Weibchen geprüft; ausgesprochene Impotenz. Wiederholung der Prüfung Ende Januar; etwas Interesse am brünstigen Tier, aber kein Aufsprung, keine Begattung.

Hodensack leer (Testes in der Bauchhöhle), großenteils nackt, Rücken schwach behaart. Behaarung des ganzen Körpers schmutzig, Tier putzt sich nicht, auch nicht in Gegenwart von Weibchen.

Kraftprobe: Ein Baumast oder Klotz, schwach armdick, wird senkrecht im Käfig aufgestellt; auf seiner oberen Schnittfläche wird ein Stück Speck angebracht. Während ein jüngeres Tier sich in dem Falle sofort heranmacht, den Speck wittert, hinaufklettert oder fast in einem Sprung auf die Höhe kommt, richtet sich das alte am Stock wohl auf, wagt aber den Hochsprung nicht. Auch wenn man die Lockspeise weiter unten befestigt, klettert es nicht weiter. Die Muskelkraft genügt nicht mehr; das Tier ermüdet bald, und gibt den Versuch auf.

Ernährungsprobe: Nach 12stündigem oder längerem Fasten setzt man eine Futterration vor, welche ein Vergleichstier in einem Zuge und mit Heißhunger auffrißt. Das senile frißt kaum die Hälfte und diese nicht auf einmal, sondern nach öfterer und längerer Unterbrechung.

Mutprobe: Man kann es nicht riskieren, ein jüngeres Männchen mit einem alten zusammenzubringen, ohne Gefahr zu laufen, daß letzteres stark gebissen oder beschädigt wird, und dadurch die Versuchsfähigkeit einbüßt. Daher empfiehlt sich, um die Angriffslust oder -unlust zu überprüfen, folgendes Verfahren. Man setzt ein etwa jähriges starkes Männchen in einen Miniaturkäfig (oder Kistchen), wovon wenigstens zwei Wände aus Drahtstäben hergestellt sind, und stellt diesen Käfig in den Zwinger des zu prüfenden Tieres. Ist dieses jugendkräftig, so springt es sofort heran, agnosziert den Rivalen, richtet sich an den Gitterstäben auf, beißt hinein, springt auf und ab, sucht den Käfig umzuwerfen, kurz, es entwickelt sich unter beiderseitigem lauten Gekreische ein wütender, wenn auch erfolgloser Kampf, der erst endet, wenn man den Miniaturkäfig wieder aus dem Zwinger entfernt. Unser altes Versuchstier benimmt sich anders. Es geht zaghaft heran, hebt sich am Gitter auf, und mustert. Aber die wilde lärmende Reaktion, die im Käfig entsteht, wirkt erschreckend. Es läßt von diesem ab, zieht sich zurück und wagt keinen Angriff oder Versuch mehr.

4. II. 1911. Laparotomie und Ligatur.
Befund: Hoden kleiner wie normal. Samenblasen leer, schlaff, nicht injiziert, beginnende Degeneration. Prostata sehr klein, weiß, atrophierend (wie Textabb. 5).

Doppelte Unterbindung beider Vasa deferentia und Durchschneidung zwischen den Ligaturen.

Heilung per primam.

22. II. Hodensack wieder voll (Testes herabgestiegen), beim Laufen nachschleppend. Am Hodensack und Rücken junge Haaraussaat. Tier putzt sich fleißig. Fell reiner und glänzend erscheinend. Sehr freßlustig. 40 g Gewichtszunahme. Viel lebhafter und aufmerksamer. Bei Probe mit nichtbrünstigen Weibchen starke Aufregung zeigend; fortwährendes Verfolgen, Spielen und Aufsprungversuche.

25. II. Einbringung eines brünstigen Weibchens., Sofort, ohne vorbereitendes Spielen wiederholter heftiger Koitus. In den Pausen eifriges Putzen.

1. III. Benimmt sich bei der Mutprobe äußerst aggressiv wie ein junges Tier.

3. III. Bei brünstigem Weibchen unersättliche Geschlechtsbetätigung. Vollständige Wandlung des Temperaments; ist jetzt schärfer wie normale junge Männchen. Sieben Akte in 10 Minuten.

6. III. Wiegt im nüchternen Zustand 60 g mehr als vor der Operation; ist ungemein gefräßig.

7. III. Probe mit brünstigem Weibchen; wird immer ungestümer; unaufhörliches Bespringen; so starke Erektionen, daß es oft länger dauert, bis er das Glied in die Vorhaut zurückbringt.

8. III. Probe mit nichtbrünstigen Weibchen, welche sich heftig gegen den Aufsprung wehren. Mit brutaler Gewalt wird der Koitus erzwungen, was sonst ein Durchschnittsmännchen nicht tut und nicht vermag. Nach Entfernung des Weibchens tobt er in Aufregung im Zwinger umher und beruhigt sich erst nach längerer Zeit.

13. III. Alle haararmen und haarlosen Stellen am Skrotum und Rücken sind verschwunden. Überall herrscht junger Haarwuchs. Das Fell ist rein und glänzend. Die weißen Flecken des scheckigen Felles sind schneeweiß.

20. III. **Relaparotomie zur Besichtigung der sekundären Geschlechtsmerkmale:** Gegenüber dem Befund bei der Laparotomie vom 4. II. fällt die dicke Fettschichte und die Zunahme der Körpermuskulatur auf. Prostata sowohl die vorderen wie die hinteren Lappen sehr groß, grau durchscheinend, voll Sekret. Samenblasen enorm gewachsen, stark ausgedehnt durch das gelb durchscheinende Sekret (wie Textabb. 6). Beide Organe sich vermöge ihrer Fülle aus der Wunde vordrängend. Außerordentlicher Kontrast gegen den Zustand vor der Ligatur. **Neues Wachstum, neue Entfaltung und Funktionstüchtigkeit der Geschlechtsmerkmale,** vollkommen übereinstimmend mit dem äußeren Bild der neu erstandenen männlichen Vollkraft.

28. III.   Wunde verheilt.

10. V.   Etwa 3 Monate nach der Ligatur: Sehr potent, in voller Jugendlichkeit; sehr schönes dichtes Fell. Bei der Kraftprobe erklettert er den Ast mit Leichtigkeit und holt sich den Speck herunter. Bei der Mutprobe fällt er wütend den Rivalen an; versucht, den Miniaturkäfig umzuwerfen und zu zerbeißen, läßt von den Angriffen nicht ab und muß gewaltsam getrennt werden. Gewichtszunahme 80 g.

1. VII.   Gleichbleibendes Verhalten; unverändert gut aussehend. Skrotum voll behaart.

14. IX.   Normale Potenz bereits 7 Monate wieder vorhanden. Etwas rasselnde Atmung.

24. IX. gestorben.   Obduktion ergibt kleine eitrige Herde in der Lunge. Sekundäre Geschlechtsmerkmale in bester jugendlicher Verfassung; Tier hat ungefähr noch 8 Monate nach der Ligatur, und 7 Monate im organisch und funktionell verjüngten Zustand gelebt.

Albino Greis. Prot. Nr. 3. Dauerversuch. Beginn 23. II. 1911 (Textabb. 7 und Tafel I). Geboren Oktober 1908 (28 Monate alt); hat in der Jugend durch Einquetschung den Schwanz verloren; trägt nur ganz kurzen Stummel.

Hochseniles Tier; so stark abgemagert, daß überall die Knochen, besonders die der Wirbelsäule hervortreten; sehr haararm, Hodensack und Rückenlinie völlig kahl (seit Monaten); dauernd gebückte Haltung. Sehr lange Zähne **(Photographie Textabb. 7 und Tafel I, Abb. 1).**

Beweglichkeit sehr gering, langsamer taumelnder Gang. Zum Klettern unfähig. Schlechte Nahrungsaufnahme. Weibchen, auch brünstigen, gegenüber vollständig interesselos; nicht die Spur einer Äußerung von Geschlechtstrieb, geschweige Potenz; verlangsamter Puls.

23. II. 1911.   Laparotomie und Operation. Hoden atrophisch, weißlich, kaum halb so groß wie beim erwachsenen normalen Bock. Samenblasen, insbesondere Prostata atrophisch, klein, weiß. Muskulatur schwach.

Doppelte Unterbindung der Vasa deferentia und Durchschneidung zwischen den Ligaturen.

28. II.   Heilung per primam.

1. III.   Gewogen 183 g.

13. III.   Tier putzt sich viel mehr, ist reiner; Gang wesentlich besser und schneller, nicht mehr taumelnd; klettert auf das Gitter seines Zwin-

gers; ist im ganzen lebhafter und macht nicht mehr den Eindruck hoher Greisenhaftigkeit wie vordem.

16. III. Bei brünstigem Weibchen lebhafte Reaktion zeigend, dasselbe verfolgend.

27. III. Auffallend rasche und gute Beweglichkeit. Massenhaft junge Haare an den nackten Stellen auftretend. Große Freßlust.

28. III. Beide Hoden wieder aus der Bauchhöhle in den Hodensack herabgesunken, denselben ausfüllend. 32 g an Gewicht zugenommen. Puls erheblich frequenter.

30. III. An allen früher kahlen Stellen junge schöne Behaarung mit Ausnahme einer Stelle am Steiß. Bei brünstigen Weibchen starke Verfolgung und Trieb, aber kein Koitus.

18. IV. Auch die am 30. III. noch haarlose Stelle ganz überhaart. Das ganze Tier einschließlich Skrotum zeigt **völlig erneutes, üppiges, reines Haarkleid (Photographie, Tafel I, Abb. 2).**

1. V. Liegt tot im Käfig. Obduktion ergibt stark aufgetriebene Därme, enthaltend Bandwürmer von großer Länge.

Ein Hoden wesentlich größer als vor der Ligatur. Schön injiziert. Samenblasen unverändert. Prostata graurot, wesentlich größer und frischer als vor der Ligatur. Muskulatur schön ausgebildet. Trotz der den Verfall und Tod bedingenden Bandwürmer sind auffallende Verjüngungserscheinungen eingetreten (Hebung der Herztätigkeit und Muskelkraft, Beweglichkeit, Reinigungstrieb, sexuelles Interesse, Gewichtszunahme, neues Wachstum der Muskulatur, der Prostata und der gesamten Behaarung).

Drei Brüder desselben Wurfes, 27 Monate alt. Prot. Nr. 40a, 41, 62. Vergleichs- und Kontrollversuche. Beginn 2. III. 1914.

Dieselben eignen sich besonders zur Vergleichs- und Kontrollbeobachtung, erstens weil bei ihnen die Erscheinungen der Seneszenz gleichzeitig eintraten (Herbst 1913), zweitens weil sie aus einer Zucht stammen, deren diesbezüglich kontrollierte Männchen entweder vor dem 27. Lebensmonat oder bald nachher den natürlichen Tod fanden.

Alle drei Brüder seit September bis Oktober 1913 bei sechsmaliger Prüfung mit brünstigen Weibchen impotent. Bei Wiederholung dieser Proben im Januar und Februar ebenso negatives Ergebnis. Es gibt wohl ein kurzes Verfolgen und Spielen, aber keinen Aufsprung oder Begattung. Die Potenz ist also seit 5—6 Monaten erloschen und ist auch in der diesjährigen Brunstzeit nicht mehr erwacht.

Bei allen Hodensack leer, nackt. Hals und Rücken sehr haararm, im übrigen Körper normale Behaarung. Die Tiere putzen sich wenig. Wegen Auftreten von Läusen hat sich in den letzten Monaten Desinfektion nötig erwiesen. Probe auf Muskelkraft, Ernährung und Mut fällt bei allen dreien ziemlich analog und der Seneszenz entsprechend schlecht aus.

Befund (aufgenommen bei der Laparotomie) bei allen übereinstimmend: Alle mager; Muskulatur schwach, blaß. Hoden mittelgroß, noch von normalem Aussehen. Samenblasen sehr klein, leer, atrophierend, weiß. Prostata sehr klein, leer, gelbverfärbt, degeneriert.

I. (Prot. 40a) 2. III. Laparotomie — lediglich zur Aufnahme des Befundes bzw. zur Besichtigung der Geschlechtsmerkmale. Unterbindung wird nicht vorgenommen (Kontrolle).

1. IV. Hautwunde vollkommen verheilt. Alle Alterserscheinungen haben zugenommen; keinerlei sexuelles Interesse; große Trägheit, Schlafsucht, Freßunlust, Abmagerung.

18. IV. An Marasmus gestorben. Obduktion ergibt keine besondere Todesursache. Atrophischer Zustand der Geschlechtsmerkmale (Samenblasen, Prostata) so wie schon bei der Untersuchung am 2. III. erhoben.

Es wird ein anatomisches Präparat angefertigt zum Vergleich mit dem Operationserfolg bei den Brüdern (Tafel VI, Abb. 1).

Die senile Veränderung der Keimdrüse, insbesondere das Vorkommen von atrophischen Samenkanälchen und die Zellarmut der Pubertätsdrüsen ist durch die mikroskopische Präparation der Hoden dargestellt (Tafel VIII, Abb. 1).

II. (Prot. Nr. 41) 2. III. 1914 Operation. Beiderseits doppelte Unterbindung und Durchschneidung der Samenwege zwischen Hoden und Nebenhoden bei Ausschaltung der Blutgefäße.

12. III. Wunde verheilt. Beim Einsetzen eines brünstigen Weibchens eifriges Verfolgen, Beriechen, aber kein Aufsprung.

20. III. (18 Tage nach der Ligatur). In Gegenwart eines brünstigen Weibchens in höchste Aufregung geraten; sofort ohne vorheriges Spielen wiederholte leidenschaftliche Begattungen; nach jedem Aufsprung noch nachdauernde Erektion.

23. III. Der sexuelle Paroxysmus ist so übertrieben, daß es alles bespringt, ob brünstig oder nichtbrünstig. 19 Akte in 15 Minuten.

30. III. Am Skrotum und an den übrigen haararmen Körperstellen wächst junges kräftiges Haar hervor.

9. IV. Bei der Kraft- und Mutprobe könnte sich der stärkste

junge Bock nicht mit dem verjüngten Männchen messen. Libido und Potenz können keinen höheren Grad erreichen.

10. IV. (5 Wochen nach der Ligatur): Laparotomie und Obduktion. Herstellung eines anatomischen Präparats (Tafel VI, Abb. 2) und mikroskopischer Präparate des unterbundenen Hodens (Tafel VIII, Abb. 2 und Tafel XI).

Prostata: Beide Vorderlappen, sowie die hinteren Ausläufer mächtig entwickelt, grau durchscheinend, mit Sekret gefüllt; Oberfläche granuliert. Zustand wie bei den größten jungen Exemplaren auf der Höhe der Vitalität; fast hypertrophisch.

Samenblasen: Bei Eröffnung der Bauchhöhle sofort sichtbar, weil sich vordrängend. Maximal ausgebildet und mit normalem gelbem Sekret gefüllt. **Die sekundären Geschlechtscharaktere haben innerhalb der 5 Wochen nach der Hodenligatur ein erneutes, frisches Wachstum durchgemacht und vollendet** (vgl. Tafel VI, Abb. 1, seniler Zustand; Abb. 2, verjüngter Zustand).

Hoden: Beiderseits kleiner, kompakter geworden. Die mikroskopische Untersuchung ergibt starke zellreiche Wucherungen der Pubertätsdrüse (Leydigsche Zellen), die sich in dicken Strängen zwischen den atrophierenden leeren Samenkanälchen verteilt. Die einzelnen Elemente der Pubertätsdrüse schön ausgebildet, protoplasmareich, mit Sekretkörnchen versehen (vgl. Tafel VIII, Abb. 2, und Tafel XI, Vergrößerung der Pubertätsdrüse aus Präparat Nr. 41).

Muskulatur: — besonders auffallend die der Extremitäten — prächtig entwickelt, rot gefärbt.

Fettschichte: Überall im subkutanen Gewebe neu erstanden.

III. (Prot. Nr. 62) 2. III. 14 Operation. Beiderseits doppelte Unterbindung und Durchschneidung der Samenwege zwischen Hoden und Nebenhoden bei Ausschaltung der Blutgefäße.

12. III. Wunde verheilt. Beim Einsetzen eines brünstigen Weibchens — Verfolgen, Beschnuppern, kein Aufsprung.

20. III. (18 Tage nach der Ligatur). Durch brünstiges Weibchen in hohe Aufregung geraten. Ohne Zögern sofortige und wiederholte stürmische Akte; nach jedem Aufsprung nachdauernde Erektion; also genau analoges Verhalten wie beim operierten Bruder II (Prot. Nr. 41).

23. III. Sexueller Trieb noch zunehmend.

30. III. Kraftprobe, Ernährungsprobe, Mutprobe wie bei jungen Tieren ausfallend. Besonders tobendes Auftreten gegen einen für einen Augenblick in den Zwinger gesetzten einjährigen Bock. Starke Gewichtszunahme (40 g), vgl. Tab. 2.

1. IV. Ein Hoden in kurzer Äthernarkose exstirpiert (zwecks

Untersuchung der Pubertätsdrüse nach einmonatiger Ligatur) (Taf. X, Abb. 1) und Fortsetzung der Lebensbeobachtungen bei **Anwesenheit bloß eines unterbundenen Hodens.** Geschlechtsmerkmale vollständig regeneriert (wie bei Prot. Nr. 41).

11. IV. Potenz auf der Höhe voller Männlichkeit.

16. IV. Spielprobe: Dieselbe wurde bei den drei Brüdern schon vor der Operation — also zur Zeit ihres senilen Verhaltens — vorgenommen. Sie besteht darin, daß man zwei noch unreife etwa zweimonatige Weibchen oder Männchen als Gespielen in den Zwinger einbringt. Die alten Männchen geben zunächst Zeichen der Neugierde, bemustern die jungen Tierchen, lassen sie aber sehr bald in Frieden, um sich nicht weiter um sie zu kümmern. Ganz anders im Stadium der Verjüngung! Wenn die jungen Tierchen die anfängliche Angst vor dem großen Bock überwunden haben, treibt dieser sie selbst zum Spielen an. Da beginnt ein Nachrennen, Auf- und Abklettern, Erhaschen, ein friedliches Balgen und Aufeinanderspringen, wie man es nur in einem Rudel junger Tiere zu sehen bekommt.

Wegen dieser Spielfreudigkeit des verjüngten Bocks werden ihm dauernd zwei jugendliche Weibchen als Gespielinnen belassen.

24. IV. Der früher nackte Hodensack dicht behaart. Ebenfalls am Hals, Kehle, Rücken, Kopf viel neues kurzes Haar. Das ganze Fell dicht, glänzend, rein; großer Unterschied gegen die Zeit vor der Operation. Der Bock macht den Eindruck eines einjährigen Tieres.

2.—7. V. Wiederholte Proben bei brünstigen Weibchen. Enorme Potenz.

22. V. In den Abendstunden eifriges Spielen. So rennt er z. B. mit Vorliebe einer Gespielin nach, erfaßt sie, legt sie auf den Rücken und läßt sie wieder laufen, um das Spiel von neuem zu beginnen.

26. V. Wird wegen seiner sexuellen Leidenschaftlichkeit in den „Probierkäfig“ versetzt, um von nun an zur Ermittlung brünstiger Weibchen für andere Versuche als „Probierbock“ zu fungieren (siehe Kap. III).

9. VI. Gewicht weiter zunehmend (vgl. Tab. 2).

23. VI. Libido höchsten Grades.

20. VII. Die wiedergewonnene Potenz bereits 4 Monate ungeschwächt bestehend.

5. VIII. Allgemeine schöne dichte Behaarung. Gewicht weiter steigend. Psychisches Verhalten (Angriffslust, Eifersucht, Spiellust) wie bei kräftigstem einjährigem Männchen.

19. VIII. Libido, Muskelkraft, alle psychischen Erscheinungen erhalten sich auf der Höhe frischer Jugendkraft. Potenz übernormal — auch nichtbrünstigen, sich wehrenden Weibchen gegenüber sich durchsetzend.

3. IX.　Wegen Milchentziehung etwas an Gewicht abnehmend, was aber auf Libido und andere psychische Eigenschaften keinerlei nachteiligen Einfluß hat.

17. IX.　Nach Milchfütterung wieder zunehmend.

29. IX.　**Fungiert noch immer als scharf vorgehender Probierbock.**

3. X.　Potenz weniger stürmisch.

15. X.　Aufsprünge seltener. Das Tier zeigt schläfriges Benehmen. Behaarung, Freßlust, Angriffslust gut.

1. XI.　Potenz nach 7 Monate langem Wiederbestehen erloschen.

10. XI.　Libido auch brünstigen Weibchen gegenüber minimal. Angriffslust vollständig verschwunden. Das Tier macht aber äußerlich keinen senilen Eindruck. Es treten Läuse auf; daher wiederholte Desinfektion.

18. XI.　Benehmen teilnahmslos; keine Neugierde mehr; psychisch wieder hochsenil. Rapide Abnahme des Gewichts (Tab. 2).

28. XI.　Schlechte Atmung. Um den Befund der Geschlechtsmerkmale im jetzt zum zweitenmal auftretenden Greisenzustand zu erheben, wird das Tier im Alter von 36 Monaten getötet.

Alter: Das Tier hat 36 Monate gelebt. Nach meiner Schätzung und Erfahrung hätte es noch etwa einen Monat leben können und wäre dann 37 Monate alt geworden, — also 8 Monate älter als sein am 18. IV. unter normal verlaufender Senilität verstorbener Bruder, und 10 Monate älter als andere Männchen derselben Zucht. **Das Tier hat 7 Monate nach der Operation wieder in voller Potenz und körperlicher wie psychischer Jugendfrische zugebracht** — seit 1. IV. (Exstirpation des einen Testikels) unter dem Einflusse einer Pubertätsdrüse allein! **Das zum Tode führende zweite Senium ist um wenigstens 7 Monate, d. i. ungefähr um ein Viertel der durchschnittlichen Lebenszeit hinausgeschoben worden.**

Obduktionsbefund: Hyperämie der Lunge; sonst keine spezifische Krankheitserscheinung. Muskulatur in guter Verfassung, rot gefärbt. Fett im subkutanen Gewebe überall vorhanden.

Der restierende unterbundene Hoden schön injiziert, von normaler Größe, also erheblich größer wie nach einmonatiger Unterbindung (vgl. Prot. Nr. 41). Samenblasen von normaler Form und Ausdehnung, mit gelbem Sekret gefüllt. Prostata gut erhalten. Corpora cavernosa penis stark entwickelt. Behaarung vollkommen.

Das Charakteristische dieses, auch anderen solchen Fällen entsprechenden Befundes liegt darin, daß die Geschlechtsmerkmale wie die übrigen Organe nicht wie beim natürlichen Senium in Rückbildung oder Schrumpfung, sondern in guter normaler Beschaffenheit angetroffen werden, was darauf hinweist, daß die ver-

jüngte Pubertätsdrüse noch bis zum viele Monate hinausgeschobenen
Exitus wirksam ist. Im Zusammenhange damit läßt die schwere Apathie
und das übrige psychische Verhalten vor dem Tode darauf
schließen, daß dieser vermutlich nicht durch den Verfall der peripheren
Gewebe, sondern vom nervösen Zentralorgan aus eingeleitet wird.

Tabelle 2.

Gewichtsänderungen nach der Operation.

Datum 1914	Gewicht g	Bemerkungen	Datum 1914	Gewicht g	Bemerkungen
3. III.	**300**		27. VII.	370	
9. III.	300		3. VIII.	378	
17. III.	340		9. VIII.	372	Milch entzogen
24. III.	340		17. VIII.	366	
1. IV.	345		24. VIII.	360	
7. IV.	345		31. VIII.	339	wieder Milch-
15. IV.	350				fütterung
21. IV.	340		12. IX.	347	
4. V.	348		20. IX.	370	
11. V.	348		28. IX.	**385**	
22. V.	342		6. X.	377	
27. V.	350		14. X.	378	
1. VI.	341		22. X.	370	
8. VI.	349		27. X.	372	
15. VI.	352		2. XI.	380	
22. VI.	354		9. XI.	**380**	
29. VI.	355	Auftreten von Läusen	16. XI.	348	psychisch wieder senil
7. VII.	332	Desinfektion	24. XI.	320	apathisch
14. VII.	350		28. XI.	320	getötet
20. VII.	365				

Mikroskopische Befunde an den Keimdrüsen: Der am 1. IV. exstir-
pierte, etwa 4 Wochen unterbundene Hoden zeigt in Übereinstimmung
mit dem 5 Wochen unterbundenen Hoden des Bruders (Prot. Nr. 41)
Verengerung der Kanälchen und Atrophie der Samendrüsen; hingegen
Wachstum und stellenweise starke Ausbreitung der Pubertätsdrüse
(Taf. X, Abb. 1). Anders der fast 9 Monate lang unterbundene
Hoden. Hier findet sich neben Samenkanälchen, die dauernd
atrophisch geblieben sind, der größte Teil der Samendrüsen
wieder vollständig regeneriert, mit allen Stadien und allem

Reichtum der Spermatogenese (Tafel X, Abb. 2). Dieser Regenerationsbefund wird durch eine besondere Versuchsreihe, auf die wir noch bei der Zusammenfassung der Ergebnisse zurückkommen, bestätigt.

In der Tabelle 2 auf S. 34 sind die Gewichtsänderungen dieses Tieres (Prot. Nr. 62) während des ganzen Versuches verzeichnet. Die Wägung ist annähernd zur gleichen Tageszeit vor der Hauptfütterung vorgenommen worden.

Schwarzbraun (Prot. Nr. 31), 24 Monate alt. **Kontrollversuch (Erneuerung des Haarkleides). Beginn 1. IV. 1912.**

Von der Mitte des Rückens bis zum Schwanzansatz befinden sich große, vollständig nackte Stellen, die seit einigen Monaten bestehen und sich innerhalb dieser Zeit trotz wiederholter Reinigung und Desinfektion der Haut nicht verändert haben **(photographiert auf Tafel II, Abb. 1).**

Brünstigen Weibchen gegenüber geringes Interesse, erfolglose Aufsprungversuche, ausgesprochene Impotenz bei oft wiederholten Proben. Gewicht 315 g. Bei der Eröffnung der Bauchhöhle zeigt sich noch normales Aussehen von Hoden, Samenblasen und Prostata.

1. IV. 1912 Operation. Beiderseitige Hodenunterbindung unter Ausschluß der Blutgefäße.

13. IV. Wunde verheilt.

17. IV. (nach 17 Tagen) enorm gesteigerte Libido und Potenz. 12 Akte in 15 Minuten. Überall auf den nackten, bisher weißlichgelben Hautstellen dunkle Flecken auftretend. Wie man mittels der Lupe deutlich erkennt, bestehen die schwarzbläulichen Flecken aus massenhaft hervorsprießendem jungem schwarzem Haar.

26. IV. Junge Behaarung stark wachsend. Neue dunkle Flecken erscheinen. Auch unter dem alten Haarbestand sieht man neues schwarzes Haar wachsen.

1. V. Die nackten Stellen am Rücken verschwinden. Dichtes Haar treibt in die Höhe.

9. V. Der Rücken mit Ausnahme zweier kleiner Stellen neubehaart.

25. VI. Der ganze Rücken voll bewachsen; nirgends eine Spur von Kahlheit. Auch am übrigen Körper ist vielfach der alte Bestand durch neue junge Behaarung ersetzt; das Fell ist nun überall gleichmäßig glänzend und dicht. Gewichtszunahme bis auf 352 g. Im Verein mit der neuerstandenen Lebhaftigkeit, Mutigkeit und sexuellen Leidenschaftlichkeit macht das Tier einen vollkommen jugendlichen Eindruck.

1. VII. photographiert. In leichter Narkose aufgebunden; Demonstration des Unterschiedes in der Rückenoberfläche im senilen und verjüngten Zustand **(Tafel II, Abb. 1 und 2).**

11. VII. Aussehen und Verhalten unverändert. Getötet zum Zweck histologischer Untersuchung.

Weiß D III (Prot. Nr. 56).   19 Monate alt.   **Versuch einseitiger Unterbindung.** Beginn 2. VII. 1914. Hierzu **Tafel IX**, Abb. 1 und 2.

Hat im Februar dieses Jahres zum letztenmal gezüchtet. Seit 7 Wochen, also gerade innerhalb der Zeit der gewöhnlichen Hochbrunst, kein Zeichen sexueller Neigung; **gegen brünstige Weibchen absolut indolent. Impotenz stärksten Grades. Das Tier zeigt auch bei den übrigen Proben große Ermüdbarkeit und frühzeitige psychische Seneszenz.**

2. VII. **Operation. Unterbindung der Samenwege bloß auf einer, und zwar auf der rechten Seite zwischen Hoden und Nebenhoden.**

17. VII. Eifrige Verfolgung des brünstigen Weibchens, aber kein Aufsprung. Kraftprobe gelingt; keine rasche Ermüdung mehr zeigend.

20. VII. (nach 18 Tagen). **Enormer Trieb und Begattungslust.** Unterbindung des einen Testikels hat die Potenz wiederhergestellt.

20. VII.—7. VIII. Fungiert als ,,Probierbock'' bei sonst isolierten Weibchen. Dieselben werden kontrolliert, ob Gravidität eintritt.

5. VIII. Libido übernormal.

13. VIII. **Eines der von ihm am 20. VII. besprungenen Weibchen wirft 6 Junge. Die bereits erloschene Zeugungsfähigkeit. ist wiedergekehrt. Zur Verjüngung hat in diesem Fall die Belebung eines Hodens allein genügt!** Der restierende Hoden hat befruchtungstüchtiges Sperma geliefert. Das Sekret der regenerierten accessorischen Geschlechtsdrüsen (Samenblasen, Prostata) hat funktioniert.

13. IX. Unverändert jugendliches Verhalten; gleich heftige Potenz.

14. IX. Ist krank; frißt nicht; atmet schlecht; zeigt große Schwäche.

17. IX. gestorben.

Obduktion zeigt leeren Magen, riesig aufgeblähte Därme; vollständige Verwachsung einer Darmschlinge, die entzündet und wie unterbunden aussieht.

Die von ihm gezeugten Jungen sind von normaler Größe und Entwicklung; sie sind wie andere gleichartige Tiere am Ende des Jahres geschlechtsreif geworden, wurden als Zuchttiere verwendet und haben im Jahre 1915 normalen Nachwuchs geschaffen.

Diese Auswahl von Protokollen dürfte im Verein mit den Illustrationen genügen, um den Verlauf und Erfolg der Versuche zu charakterisieren. Weitere Versuche sollen noch auszugsweise bei der Erklärung der Tafeln III—V mitgeteilt werden.

Negativ blieb das Ergebnis nur in jenen Fällen, wo der Senilismus so weit vorgeschritten war, daß das Tier die Operation nicht überstand, bzw. bald nach derselben verendete, oder in solchen Fällen, wo in den ersten Wochen nach der Unterbindung ein schwerer Krankheitsprozeß (Neugebilde, Lungenentzündung, Tuberkulose, Parasit) den Tod verursacht hat. Positiv fielen hingegen alle Versuche aus, bei denen der Eingriff nach Wahrnehmung der ersten deutlichen Zeichen der physiologischen Seneszenz vorgenommen worden ist. Entsprechend der unbegrenzten Variabilität der Alterserscheinungen machten sich auch beim Verjüngungserfolg Unterschiede geltend in dem Sinne, daß bei dem einen mehr die morphologisch sichtbaren, bei dem anderen mehr die funktionellen Verhältnisse sich wandelten, oder daß die Beeinflussung sowohl der Organzustände wie der Funktionen graduelle Schwankungen zeigte.

Als die günstigsten Versuchsfälle sind alle jene zu betrachten, wo der Verjüngungsvorgang mit gleicher Intensität sich auf körperliche und psychische Altersveränderungen erstreckte und wo derselbe — ungehemmt durch zerstörende Krankheitsprozesse — zu einer bedeutenden Hinausschiebung des Seniums und zu verlängerter Lebenszeit geführt hat.

B. Ergebnisse und Folgerungen.

1. Durch die Unterbindung der Samenwege wird ein frisches Wachstum, eine Wucherung, kurz eine Verjüngung der alternden untätig gewordenen Pubertätsdrüse hervorgerufen. Innerhalb weniger Wochen macht die reaktivierte Pubertätsdrüse von neuem ihre Einflüsse auf Körper und Psyche geltend; sie läßt das alte Tier die große Wandlung, die es in seiner Jugend von der Unreife zur Reife durchlaufen hat, ein zweites Mal erleben.

2. Gerade in der Zeit, in welcher sich diese Vorgänge abspielen, bilden sich die Samenzellen in ihrer überwiegenden Masse zurück. Darin liegt eine neue Bekräftigung der von mir erbrachten experimentellen Beweise für die hormonale Belanglosigkeit der Samenzellen und für die außerordentliche hormonale Wirksamkeit der Pubertätsdrüsenzellen. Von der Atrophie der Samenkanälchen weniger betroffen werden die Sertolischen Zellen,

von denen ein großer Teil intakt bleibt. Es ist daher weiter unentschieden, ob auch diese — aber keinesfalls sie allein — bei der inkretorischen Tätigkeit beteiligt sind. Gewisse Übereinstimmung der Struktur, ferner die ähnliche Widerstandsfähigkeit könnte auf eine Analogie der funktionellen Veranlagung schließen lassen.

3. Die aufgefrischte Pubertätsdrüse erinnert im Aufbau und in der Wirkung lebhaft an die durch Transplantation isolierte Pubertätsdrüse. Da wie dort kommt es in günstigen Fällen zu einer die normale Entwicklung übertreffenden Ausbildung der Geschlechtsmerkmale und Erotisierung des Gehirnes. Die reiche Ansammlung und erhöhte Aktivität der inkretorischen Substanz kann also den Zustand der „Hypermaskulierung‘‘ erzeugen.

4. Die verjüngenden Wirkungen organischer Natur, die der erneuten Hormonquelle entspringen, kommen hauptsächlich in folgenden Veränderungen sinnfällig zum Ausdruck: das abgemagerte, dürftige Tier wird voll, schwer und breit. Die haararmen oder nackten Stellen und Flecken verschwinden. Überall sprießt junges Haar hervor. Das ganze Fell wird wieder dicht und glänzend. Im Vereine mit der erneuten Ablagerung von Fett wird die ganze Form wieder rundlich und geschmeidig. Die gebückte oder versunkene Haltung bessert sich, der Kopf hebt sich, das müde Auge öffnet sich, die Trübungen klären sich und die Augenmedien werden wieder durchsichtig und leuchtend.

Bei Eröffnung des Leibes überblickt man die wiedererstandene subkutane Fettschichte, die kräftig entwickelte, gut ernährte, schön rot gefärbte Muskulatur, den reich injizierten Darmtraktus in voller Tätigkeit und die geradezu aufgeblühten, von Sekret strotzenden Geschlechtsmerkmale. Das neue starke Wachstum der Gewebe läßt sich makroskopisch an dem kontrastierenden Aussehen von Samenblasen, Prostata und Penisschwellkörpern vor und nach der Operation am schärfsten beurteilen. **(Textabb. 5 und 6; ferner Taf. VI.)** Dies ist erst ein vorläufiges und andeutungsweises Bild der organischen Veränderungen. Von einer erschöpfenden Darstellung kann noch keine Rede sein. Hier müssen erst ausgedehnte, von einem Einzelnen gar nicht zu bewältigende, histologische Untersuchungen einsetzen, welche die Vorgänge des erneuten Wachstums in den Geweben der senilen Organsysteme zu verfolgen und genauer festzustellen berufen sind (vgl. Kap. IX).

5. Entsprechend der Erholung und Erneuerung der Gewebe stellen sich auch die Funktionen wieder her: große Freßlust tritt ein, der Stoffwechsel ist gesteigert, das Gewicht nimmt zu,

ein erheblicher Teil der Nahrungsmittel wird wieder zum Aufbau verwendet, ein Rekonstruktionsvermögen betätigt sich wie zur Zeit des jugendlichen Wachstums.

Die frühere leichte Ermüdbarkeit und Trägheit ist geschwunden, hat sogar regem Bewegungstrieb Platz gemacht. Es sind wieder hohe Leistungen wie große Sprünge, Klettern, Rennen möglich. Das Tier ist aus seiner Apathie erwacht. Sein erneuertes Fell wird sauber geputzt. Neugierde und Aufmerksamkeit, Raufsucht und Eifersucht charakterisieren sein Wesen. War die Koordination der Bewegung gestört, der Gang taumelnd, so ist er jetzt gerade und sicher und in jedem Tempo gleichmäßig. War der Puls verlangsamt, so arbeitet das Herz wieder mit normaler großer Frequenz. Die Stumpfheit der Sinne ist gewichen. Währte es vorher lange, bis der ruhende Bock die zugeführten brünstigen Weibchen durch den Geruchssinn erkannte, so wittert er sie jetzt sofort und kann benützt werden, um solche aus einem Rudel herauszufinden.

Die durchgreifendste Veränderung geht beim Geschlechtstriebe vor sich. Vollständige Indifferenz und Impotenz oder schwaches Interesse wandeln sich in stürmische Leidenschaft und stärkste Potenz. Der Eindruck dieses Wechsels wirkt auch für das kritische Auge in jedem Falle bezwingend.

6. Viele, aber durchaus nicht alle Erscheinungen der Seneszenz hängen direkt mit der Aktivität bzw. Inaktivität der Pubertätsdrüse zusammen. Wenn trotzdem durch die Wiedererweckung der Funktion dieser Drüse eine so umfassende Umstimmung der Seneszenz erfolgt, so müssen indirekte Wirkungen von ihr ausstrahlen, welche noch andere Kräfte gegen das Altern zu mobilisieren vermögen. Die Anfänge zur Aufklärung dieser Tatsache sind gemacht. Josef Schleidt hat bei von mir operierten Serien je eines Rattenwurfes, die aus einem Kastraten, feminierten Männchen und maskulierten Weibchen bestanden, histologische Untersuchungen der Hypophyse angestellt und gefunden[1]), daß die normale Struktur derselben von der Pubertätsdrüse garantiert wird. Schleidt hat dann auf meine Veranlassung den Hirnanhang bei senilen Ratten untersucht und ähnliche Veränderungen beobachtet wie nach der Kastration. Auch die degenerativen Veränderungen der senilen Schilddrüse hat er in seine Studien einbezogen und hat schließlich, ohne vorher zu wissen, was geschehen war, bei einigen von mir verjüngten Tieren konstatiert, daß sowohl Thyreoidea als Hypo-

---

[1]) Zentralbl. f. Physiol. Bd. 27. 1914.

physis normale Struktur zeigen. Hierdurch war festgestellt, daß die Pubertätsdrüse auch indirekt und zwar auf dem Wege anderer endokriner Drüsen auf die Alterserscheinungen einwirken kann. Die Absicht, diese Arbeiten fortzusetzen und weiterauszudehnen, war Schleidt nicht vergönnt; ein früher Tod hat den tüchtigen jungen Forscher der Wissenschaft entrissen.

7. Die primäre Einwirkung der Unterbindung ist die Wucherung der Pubertätsdrüse und die weitgehende Rückbildung der Samendrüse. Als sekundäre Wirkung folgt dann die Restitution der Organe und Funktionen. Während dieses Aufschwunges verharrt die Samendrüse noch im Zustand der Atrophie. Aber dieser Zustand bleibt nicht dauernd. Auch die Samendrüse wird später von der Regeneration ergriffen. Drei Monate nach der Unterbindung findet man auch in der Kuppe des Hodens, wo die Verödung am vollständigsten ist, wieder einzelne Samenkanälchen regeneriert; acht Monate nach der Unterbindung findet man neben Gruppen von atrophisch gebliebenen Kanälchen die große Mehrheit derselben in schöner Ausbildung und in voller Spermatogenese. (Prot. Nr. 62, Tafel X, Abb. 1 und 2.) Daß es sich bei dieser zögernd eintretenden Regeneration nicht um ein zufälliges Ereignis handelt, davon habe ich mich durch eine eigene, für diesen Zweck besonders angelegte Versuchsreihe überzeugt:

Bei einer Anzahl einjähriger weißer Rattenmännchen, die aus der gleichen Zucht stammten, wurde durchwegs die Unterbindung der Samenwege zwischen Hoden und Nebenhoden vorgenommen. Das erste Paar wurde nach 1 Monat, das zweite nach 2 Monaten, das dritte nach 3 Monaten, das vierte nach 6 Monaten und das fünfte nach 8 Monaten getötet.

Ein bis drei Monate nach der Ligatur finden sich die sekundären Geschlechtsmerkmale (Samenblasen, Prostata) enorm entwickelt, hypertrophisch. Dieser Befund steht ganz im Einklang mit manchen Fällen beim Verjüngungsversuch (Prot. Nr. 41, 62) und weist deutlich auf die gesteigerte hormonale Tätigkeit der Pubertätsdrüse hin. Die mikroskopische Durchsuchung der Schnitte durch den Hoden (stets aus derselben Gegend zwischen Kuppe und Äquator) zeigt nach 1 und 2 Monaten neben dem Wachstum der Pubertätsdrüse durchgreifende Atrophie der Samenkanälchen. Nach drei Monaten sieht man bereits einzelne Samenkanälchen regeneriert, nach 6 und 8 Monaten ist die große Mehrheit regeneriert; nur wenige Kanälchen verharren dauernd in atrophischem Zustand. Hierdurch wird der Operationserfolg beim senilen Tier bestätigt, und ferner der regenerierende und ur-

sprünglich wachstumfördernde Einfluß der Pubertätsdrüse auch für das Geschlechtsmerkmal der Spermatogenese experimentell erwiesen.

8. Aus den Versuchen an senilen Tieren ergibt sich, daß die
Gewebe[1]) keine scharf begrenzte Lebenszeit haben. Wenn
den alternden, von Atrophie bedrohten Geweben die Reiz-
stoffe der inkretorischen Drüsen von neuem zuströmen,
so tritt Regeneration und frisches Wachstum ein. Der
physiologische Mechanismus, welcher bei diesen Vorgängen
im Spiele ist, läßt sich wenigstens beim Wachstum der sekundären Sexuszeichen (Samenblasen, Prostata, Uterus, Mamma, Behaarung) genauer verfolgen. Er besteht im wesentlichen in einer
Hyperämie, bzw. in einer reichlicheren Durchblutung der
Gewebe, welchen dadurch wieder neues Nährmaterial zum Aufbau zugeführt wird. Ich habe zur Aufklärung dieses Mechanismus gesonderte Experimente angestellt, welche bei späterer Gelegenheit mitgeteilt werden sollen.

Daß die alternden Gewebe der Hormone weit schwerer ent-
behren wie die infantilen, geht schon aus dem Verhalten der
Früh- und Spätkastraten hervor. Der Spätkastrat wird binnen
viel kürzerer Zeit von jenen bekannten Erscheinungen der Muskelschwäche, Ermüdbarkeit, Trägheit, Apathie, Energie- und Mut-
losigkeit befallen, welche wir beim Senilismus kennen gelernt haben.

9. Der Verjüngungsversuch gelingt auch bei bloß einseitiger Unterbindung. Die gewucherte und wiederbe-
lebte Pubertätsdrüsensubstanz eines Hodens genügt, um
die Regenerationen durchzusetzen (vgl. Prot. Nr. 56) oder
aufrechtzuerhalten (vgl. Prot. Nr. 62). Wo von Anfang an, wie
im Versuch Nr. 56, die Ligatur nur einseitig geschieht, wird auch
der nichtunterbundene Hoden in den Restitutionsprozeß
mit einbegriffen. Es wächst die Pubertätsdrüse über das normale Maß, und zwar nicht auf Kosten der Samendrüse wie im
ligierten Hoden. Die Samendrüse nimmt vielmehr an der
Erneuerung teil und wird zu lebhafter Spermatogenese
angeregt (Tafel IX, Abb. 2). Bei dem senilen Tier ist
die Potentia coëundi wie auch die Potentia generandi
wieder hergestellt. Der Nachwuchs desselben ist normal
entwickelt, gesund und weiter züchtungstüchtig.

10. Die Frage, ob der Verjüngungsversuch „lebensverlängernd"
wirkt, lasse ich — soweit das Einzelindividuum betroffen ist —

---

1) Eine ausgezeichnete vergleichend-zoologische Darstellung der Alterserscheinungen in den Zellen und Geweben findet sich bei E. Korschelt, Lebens-
dauer, Alter und Tod. G. Fischer, Jena 1917.

offen. Das Alter des Einzelindividuums kennt man nicht im voraus,
wozu also ein Streit um Worte? Vorläufig muß man sich mit
der Tatsache bescheiden, daß Verjüngung oder Hinausschiebung des Alters möglich ist, daß das senile Individuum organisch und funktionell auflebt, sich dieser neuen Lebensfrische
und Widerstandskraft wieder lange Zeit erfreuen und ein end-
liches Senium erreichen kann, welches die durchschnittliche Grenze weit übersteigt.

VII. Autoplastische und homoplastische Altersbekämpfung.

Bei mehreren Versuchen ist es mir aufgefallen, daß die Geschlechtsmerkmale (Samenblasen, Prostata, Behaarung), aber auch andere Organe wie z. B. die Muskulatur und die Fettschichte in der abklingenden
Verjüngungsperiode und sogar beim endlichen Tode in besserem Zustand
angetroffen werden als vor der Ligatur, also zur Zeit der ersten Seneszenz.
Das Tier zeigt wenige Wochen vor dem Tode vollständige Teilnahmslosigkeit, einen rapiden psychischen Verfall; es bewegt sich kaum, frißt
nicht mehr und stirbt. Diese Erfahrung spricht dafür, daß in solchen
Fällen die übrigen Organe noch lebensfähig sind, und daß nur
das Gehirn den Dienst versagt und den Tod herbeiführt.

Bisher haben wir lediglich die eigenen Mittel des Individuums verwertet, um durch äußerste Anspannung derselben, durch
die künstlich neubelebte Pubertätsdrüse die verjüngenden Wirkungen
hervorzurufen. Wir können dieses Verfahren als „**autoplastische
Altersbekämpfung**" bezeichnen. Wenn nun hierdurch die Organe wieder in einen lebensfähigen Zustand versetzt sind, die Leistungen der
reaktivierten eigenen Pubertätsdrüsen aber erschöpft und nicht mehr
imstande sind, diesen Zustand aufrecht zu erhalten, so drängt sich die
Frage auf, ob der eingeleitete Verjüngungsprozeß nicht durch die gleiche
Substanz von anderen und zwar jungen Individuen neuerdings angefacht
und verlängert werden kann? Das wäre die Ergänzung durch die
„**homoplastische Altersbekämpfung**". Ich habe diese Summierung
erreicht durch Implantation junger Hoden, die sich unter Zugrundegehen der produktiven Gewebe zu wuchernden Pubertätsdrüsen
umbilden.

Um Erfolg zu haben, muß man den Beginn der wiederkehrenden
Seneszenz strengstens beobachten. Das verläßlichste Zeichen hierfür
ist die wieder ermattende Potenz. Blutsverwandtschaft der einzu-

pflanzenden Keimdrüse ist nicht Bedingung. Ich hatte ein vorzügliches Resultat mit Hoden, die aus einer Kreuzung von weißer und wilder Ratte stammen. Die Hoden werden etwa dreimonatigen Männchen entnommen und in der von mir geübten Weise je einer auf jede Seite subkutan auf die etwas hyperämisierte Bauchmuskulatur eingepflanzt. Wenn die Implantate oder wenigstens eines davon einheilen, so ist innerhalb dreier Wochen die Wirkung bemerkbar. Um die Heilung nicht zu stören, habe ich vorher keine Sprungproben vorgenommen. Der Erfolg besteht in einem unverkennbaren Ansteigen der Libido und im Wiedererwachen der Potenz. Bei zwei Tieren, bei welchen das autoplastische Verfahren übernormale Potenz erzeugt hatte, trat dieser Zustand nach Implantation ein zweites Mal in Erscheinung. Hand in Hand damit geht die Neuschärfung der übrigen psychischen Symptome, wie Lebhaftigkeit, Neugierde, Putztrieb, Angriffslust.

Wenn keine Krankheit hinzukommt, wird das Ende dieser Tiere eingeleitet durch eine Periode schwerster Apathie; sie sterben im psychischen Senilismus. Das höchste Alter, welches ich nach Kombination des autoplastischen und homoplastischen Verfahrens beobachtet habe, ist 40 Monate — etwa ein Jahr mehr als das durchschnittliche Alter meiner Versuchsratten. Bei der Kurzlebigkeit dieser Tiere kann dieses Ergebnis als eine bedeutende Hinausschiebung des Alters betrachtet werden. Wiederholte Implantation habe ich noch nicht ausgeführt. Hier eröffnet sich ein dankbares Feld für fortgesetzte Arbeit.

Der Erfolg des homoplastischen Verfahrens war nach meinen Versuchen an Spätkastraten zu erwarten. 1910 hatte ich durch autoplastische Transplantation bei infantilen Kastraten volle Maskulierung und Erotisierung durchgesetzt. Im nächsten und in den folgenden Jahren war ich bestrebt, durch homoplastische Transplantation bei männlichen und weiblichen Spätkastraten eine Neumaskulierung bzw. Neufeminierung zu erzielen[1]).

„Meerschweinchenweibchen, die eben Junge geworfen hatten, wurden kastriert. Schon nach wenigen Tagen wurde die Milchabsonderung, die unter normalen Umständen 4—5 Wochen andauert, schwach und abnormal. Nach 8—10 Tagen hörte die Sekretion von Milch auf; es ließ sich nur mehr eine wässerige Flüssigkeit auspressen. Die Vorwölbungen der Mammae verschwanden; die Zitzen wurden klein und atrophisch . . . (die mikroskopische Untersuchung exzidierter Mamma-

---

[1]) Mitgeteilt in der Arbeit „Künstliche und natürliche Zwitterdrüsen und ihre analogen Wirkungen". Anz. d. Akad. d. Wiss. in Wien 1919. Arch. f. Entw.-Mech. Bd. 46. 1920.

stückchen ergab alle Symptome der fortgeschrittenen Rückbildung)..., trotz der verschiedenen schweren Eingriffe blieben die Tiere gesund, äußerten aber niemals geschlechtliche Neigung; sie wehrten das verfolgende Männchen heftig ab und zeigten keine merkbaren Spuren von Brunst. Etwa 16 Tage nach subkutaner Einpflanzung von zwei Ovarien einer Primipara fingen die Zitzen an, sich wieder zu strecken, dicker und strotzend zu werden, die Mammae wölbten sich wieder vor und bald darauf setzte die Milchsekretion ein, welche zwei Wochen unvermindert anhielt. Die Tiere wurden brünstig und ließen sich bespringen. Die Obduktion ergab einen mächtig ausgebildeten Uterus von einer Größe, wie er etwa beim normalen Weibchen dem Anfangsstadium der Schwangerschaft entspricht. Die Kastrationsatrophie des Uterus war nicht bloß behoben, sondern es war auch wieder neues Wachstum eingetreten ... Der vollreife, geradezu mütterliche Zustand der Geschlechtscharaktere war trotz des langdauernden Ausfalls der Keimdrüse durch die Implantation neuerdings hervorgerufen."

„Bei 1¼jährigen Rattenmännchen fanden sich 3 Monate nach der Kastration die sonst prall mit Sekret gefüllten Samenbläschen leer, schlaff, verkleinert. Die Prostatalappen blaß und stark geschrumpft. Die Potenz erwies sich nach sorgfältiger Prüfung mit brünstigen Weibchen teils ganz geschwunden, teils sehr geschwächt. Durch Implantation jugendlicher Hoden auf die Bauchmuskeln konnte ich die Potenz wieder zu gewohnter Heftigkeit erwecken und infolge erneuten Wachstums Form, Größe, Aussehen sowie Funktion der bereits atrophischen sekundären Geschlechtsmerkmale, insbesondere der Prostata und Samenblasen wiederherstellen ...."

Diese Tatsachen haben dann Kollegen Lichtenstern, der in meinem Laboratorium Zeuge der Versuche war, veranlaßt, das hier erprobte Transplantationsverfahren auch beim Menschen in Fällen von Verlust, Erkrankung oder Unterentwicklung der Pubertätsdrüsen in Anwendung zu bringen. Lichtenstern hat sich damit große Verdienste um die operative Therapie erworben. Er hat in den letzten Jahren eine stattliche Reihe von Leidenden operiert, bei denen es sich einesteils um totale Kastration durch Trauma oder wegen Hodentuberkulose, andernteils um Eunuchoidismus mit atrophischen Gonaden und mangelhaft entwickelten Sexuszeichen handelte. Zur Implantation wurden kryptorchische Testikel von jungen gesunden Männern benützt. Bei einer Anzahl solcher Organe, welche nur im produktiven Anteil degeneriert sind, hatte ich Gelegenheit, mich durch mikroskopische Untersuchung vom Reichtum und der normalen Struktur der Pubertätsdrüsenzellen, also von deren Eignung zur Einpflanzung zu überzeugen. Dieselbe wurde stets am hyperämisierten Obliquus abdom. ext. vorgenommen. In bezug auf die Einzelheiten der Methodik und des Verlaufs muß ich auf die Literatur Lichtensterns[1]) verweisen.

Hier interessieren besonders jene Fälle, wo infolge der Spätkastration Erscheinungen eingetreten sind, wie wir ihnen beim menschlichen Senilismus begegnen, als Muskelschwäche, Ermüdbarkeit, Arbeitsunlust, Apathie, Trägheit, Abnahme des Gedächtnisses, Erlöschen der Libido und Potenz. Nach der Implantation kommt es allmählich zu einem vollständigen Rückgang dieser Ausfallserscheinungen und zur Herstellung der früheren psychischen Verfassung. Auch körperliche Geschlechtsmerkmale erfahren eine Erneuerung (Kräftigung der Muskulatur, Wachstum der Bart-, Brust- und Oberschenkelbehaarung; bei Eunuchoiden Wachstum des Penis). Die Leute können heiraten und tüchtig ihren Beruf ausfüllen. Einer dieser Patienten erfreut sich in glücklicher Ehe und emsiger Arbeit bereits $4^1/_2$ Jahre dieser körperlichen und funktionellen Neubelebung. Ein anderer ist noch hervorzuheben, weil bei ihm die Neumaskulierung und Neuerotisierung nach zehnjährigem Kastratentum gelungen ist. Kreuter[2]) hat an der chirurgischen Klinik in Erlangen die Hodeneinpflanzung an einem wegen Tuberkulose kastrierten Manne wiederholt und hat ein durchaus übereinstimmendes Ergebnis gezeitigt; ebenso Mühsam im Rud. Virchow-Krankenhause in Berlin.

Als homoplastische Beeinflussung eines Alterssymptomes muß noch ein vereinzelter Versuch erwähnt werden, welchen Harms in seinem 1914 erschienenen vortrefflichen Buche[3]) mitteilt. Harms hat an einem senilen Meerschweinchenmännchen, das Weichheit der Testikel und vollständige geschlechtliche Indifferenz zeigte, die Hälfte eines Hodens herausgenommen und in denselben ein Stück vom Hoden des sechswöchigen Sohnes eingepflanzt. Schon nach einer Woche waren die Hoden resistenter, der Penis wurde erektionsfähig; das Tier verfolgte ein nichtbrünstiges Weibchen und versuchte aufzuspringen bzw. zu begatten. Mangels eines brünstigen Tieres konnten leider wirkliche Begattungsakte nicht beobachtet werden, aber mechanisch war Erektion und Ejakulation zu erzielen. Nach kurzer Zeit wurde die Implantation am selben Männchen auf der anderen Seite mit dem gleichen Erfolg wiederholt; es wurde sexuell noch erregbarer wie nach der ersten Einpflanzung. Dieser Zustand der Wiederbelebung hielt etwa 4 Wochen

---

[1]) R. Lichtenstern, Münch. med. Wochenschr. Nr. 19. 1916. Wien. kl. Wochenschr. Nr. 45 (Prot. d. Gesellsch. d. Ärzte in Wien 1918). Zentralbl. f. Gynäk. (Sitzb. d. gyn. Gesellsch. in Wien.) Nr. 3. 1920.

[2]) E. Kreuter. Zentralbl. f. Chirurg. Nr. 48. 1919.

[3]) W. Harms, Experimentelle Untersuchungen über die innere Sekretion der Keimdrüsen. G. Fischer, Jena 1914.

an, um dann allmählich wieder abzuklingen und zu erlöschen. Der sehr rasche Eintritt und Ablauf der Erscheinung macht hier fast mehr den Eindruck eines Injektionsresultates als der Wirkung eines festgewurzelten, haltbaren und tätigen Transplantates. Aber die Erregung des Brunsttriebes und die Schwellbarkeit des Penis, Anstieg und Abstieg der Erscheinung sind so gründlich beobachtet, daß sie sich bestimmt aus dem Bereich der Zufälligkeit herausheben. Wenn der Versuch von Harms auch als vereinzelter Fall dasteht und sich namentlich mit einem funktionellen Symptom befaßt, so läßt sich auf Grund der ganzen Reihenfolge meiner früheren und späteren Experimente doch erkennen, daß schon Harms eine echte kurzdauernde Verjüngungswirkung vorgelegen hat.

VIII. Verjüngungsversuche an Weibchen und deren Ergebnisse.

Bei diesen Versuchen kann ich mich kurz fassen. Die allgemeinen Alterszeichen fallen mit denen der Männchen zusammen. Äußerlich ist die Abmagerung, die müde Haltung, die Haararmut vorzugsweise am Rücken, der stellenweise Haarausfall nicht zu verkennen. Dazu kommt dann als spezifisch weibliche Seneszenz die Erschlaffung des Scheideneingangs und besonders die Rückbildung der Brustwarzen, die zu Rudimenten herabschwinden und in den Haaren kaum sichtbar sind (Tafel V, Tafel VII, Abb. 1). Bei der Musterung der inneren Organe zeigen sich die Bauchmuskeln und die Fettlager sehr verdünnt. Letztere können auch gänzlich fehlen. Besonders auffallend ist die Kleinheit und Schrumpfung der Eierstöcke sowie die Blässe und Atrophie des Uterus, der etwa auf 1 mm Durchmesser zurückgegangen ist, und dessen Hörner fadenförmig gegen die Ovarien auslaufen.

Nahrungsaufnahme, Beweglichkeit, Putztrieb sind sehr vermindert. Die Tiere sind unrein.

Das geschlechtliche Verhalten wird — abgesehen von dem vielmonatigen Ausbleiben der Schwangerschaft — charakterisiert durch die eigentümliche Reaktion der normalen Männchen, die ein objektives und untrügliches Zeichen für den weiblichen Senilismus darbietet. Bringt man ein jüngeres, nicht brünstiges Weibchen in das Abteil des isolierten Probierbocks, so beginnt sofort das Verfolgen, Beschnuppern, Umwerben. Trotz der heftigen Abwehr (Beißen, Heben des Hinterfußes) versucht der Bock unermüdlich, wenn auch vergeblich den Aufsprung. Der von dem Weibchen ausgehende Reiz versetzt ihn in stärkste Erregung. Ganz anders ist das Bild bei Anwesenheit eines alten Weibchens. Der Bock agnosziert, mustert, aber trotz seiner Geschlechtshungrigkeit läßt er bald von ihm ab, um sich nicht mehr darum zu kümmern. Das alte Weibchen hat den Reiz verloren.

Eine tadellos und ausgiebig funktionierende autoplastische Methode wie beim Männchen habe ich beim Weibchen bisher nicht ermitteln können. Es stehen mir allerdings zwei Versuche zur Verfügung, wo ich durch autoplastische Verlagerung der mit dem Uterus in Verbindung bleibenden Ovarien an das Peritoneum der Bauchdecke einzelne Symptome beeinflussen konnte. Die Ovarien selbst wurden hyperämisch und etwas größer; auch der Uterus war etwas gewachsen. Die Tiere nahmen an Gewicht zu. Aber es kam nicht zur Brünstigkeit, nicht zur einheitlichen Verjüngung. Auch die Unterbindung und Durchschneidung der Eileiter hatte nicht das gewünschte Ergebnis. Die weitere Ausbildung dieser Methoden dürfte vielleicht erhebliche Fortschritte zeitigen.

Hier will ich auch noch an die gemeinsam mit Holzknecht[1]) angestellten Bestrahlungsversuche erinnern. Wir haben durch vorsichtige Röntgenisierung die Ovarien jungfräulicher Meerschweinchenweibchen zu mächtigen, das ganze Stroma ausfüllenden Wucherungen von Thekaluteinzellen umgewandelt und durch diese Hyperplasierung der Pubertätsdrüse die dem Schwangerschaftszustand entsprechende Ausreifung der weiblichen sekundären Geschlechtsmerkmale (Mammae, Uterus) hervorgerufen. Auch diese Methode sollte Verwertung finden[2]).

Durchschlagend war beim Weibchen das homoplastische Verfahren, welches ausnahmslos gewirkt und fast in allen Fällen eine vollendete Verjüngung erzielt hat. Es tritt eine **Doppelfunktion** ein, zunächst **die Beeinflussung durch das Implantat,** und **dann die Beeinflussung durch die neubelebten regenerierten eigenen Keimdrüsen.** Zur Implantation habe ich Ovarien von etwa viermonatigen Weibchen benützt, welche im Anfang der ersten Schwangerschaft standen; diese schön entwickelten, mit großen Corpora lutea besetzten Organe wurden subkutan auf die hyperämisierte Bauchmuskulatur, oder intraperitoneal an die Bauchdecke angenäht. Zwei Beispiele sollen Verlauf und Erfolg der Versuche veranschaulichen:

---

¹) Steinach und Holzknecht, Erhöhte Wirkungen der inneren Sekretion bei Hypertrophie der Pubertätsdrüsen. Arch. f. Entw.-Mech. Band 42. 1916.
²) Bei der **Frau** siehe Kap. X.

Weiß l. Z. (Prot. Nr. 44 a). 26 Monate alt. Dauerversuch. Beginn 12. IV. 1914.

Hat seit Mitte Juni 1913 (also 10 Monate) nicht mehr gezüchtet. Seither auf etwaige Brünstigkeit genau untersucht; keine solche eingetreten. Von Januar 1914 an wieder oft mit isolierten Böcken geprüft. Übt keinen Reiz mehr aus; wird nach kurzer Musterung von ihnen gemieden.

Rücken sehr haararm, stellenweise auf dem Hals und Rücken kahle Punkte. Zitzen weiß, atrophisch, in den Haarbüscheln kaum sichtbar (wie **Tafel V, Abb. 1 oder Tafel VII, Abb. 1**). Tier frißt wenig, ist abgemagert, träge und teilnahmslos.

12. IV. Implantation von zwei Ovarien eines graviden viermonatigen Weibchens je auf einer Seite subkutan auf die Bauchmuskulatur.

25. IV. In den Käfig des Probierbocks versetzt, zeigt sich ein scharfer Unterschied gegen das frühere Verhalten. Der Bock wird sehr erregt, befaßt sich dauernd mit dem Weibchen und versucht unablässig die Begattung, die aber abgewehrt wird.

28. IV. Wirkt stark erregend auf verschiedene Böcke. Scheideneingang ist zusammengezogen wie bei jüngeren Weibchen außer der Brunst. Das Tier ist freßlustig und neugierig.

6. V. Sehr starke Brünstigkeit eingetreten; Scheideneingang offen; wird oft besprungen; erregt bei verschiedenen Männchen gleiche Begattungslust und ergibt sich willig ohne Spur einer Abwehr.

22. V. Schwangerschaft ist nicht eingetreten. Zitzen gewachsen.

25. V. Bekommt dauernd ein Männchen zugewiesen.

9. VI. An den haararmen und kahlen Stellen des Rückens wächst junges Haar. Tier sehr frisch, beweglich, hat an Gewicht zugenommen.

23. VI. Ist brünstig und wird oft begattet; ist bereits neu und dicht behaart und macht einen völlig jugendlichen Eindruck.

13. VII. Ist schwer trächtig; hat große, angeschwollene Zitzen; ist überall frisch und dicht behaart; baut sich ein Nest.

15. VII. **Nach 23 tägiger Schwangerschaft 5 Junge geworfen** — im Alter von 29 Monaten, was bei so alten Weibchen sonst nicht zur Beobachtung kommt. Das Weibchen ist also nach einer sterilen Periode von mehr als 1 Jahr wieder fruchtbar geworden.

1. VIII. Junge werden gut gesäugt und wachsen normal heran, was auf reichliche Milchsekretion hinweist.

25. VIII. Die Jungen sind ganz selbständig und werden entfernt.

15. IX. Zitzen bleiben stark ausgebildet (**wie Tafel V, Abb. 2 oder Tafel VII, Abb. 2).**

1. X.   Tier ist gesund, jugendfrisch; wirkt noch immer erregend auf Männchen. Junge sind schön entwickelt.

1. XII.   Gleicher Status.

22. II. 1915.   Nach einem mehrwöchigen Stadium psychischer Seneszenz eingegangen. Alter 36 $^1/_2$ Monate; hat etwa 8 Monate länger gelebt als die nichtoperierte Schwester. Die am 15. VII. 1914 geworfenen Jungen sind kräftig und züchten bereits.

In der beifolgenden Tabelle 3 sind die Gewichtszunahmen dieses Weibchens nach der Implantation und während der eingetretenen Schwangerschaft verzeichnet.

Tabelle 3.

Gewichtszunahmen nach der Implantation und während
der Schwangerschaft.

Datum der Wägung	Gewicht g	Bemerkungen
		Operation 12. IV. 1914
25. IV.	200	
2. V.	203	
8. V.	210	6. V. brünstig
15. V.	205	
1. VI.	212	
9. VI.	227	
15. VI.	225	
22. VI.	228	23. VI. brünstig
29. VI.	230	
7. VII.	245	
14. VII.	270	15. VII. 5 Junge geworfen

Weiß r. Z. (Prot. Nr. 44 b).   24 Monate alt.   Prüfung der verjüngenden Wirkung auf die weiblichen Geschlechtsmerkmale (Ovarien, Mammae, Uterus).

28. IV. 1914.   Implantation von zwei Ovarien eines viermonatigen Weibchens, welches im Beginn der Gravidität gestanden war, auf das Peritoneum der Bauchdecken.

Befund der Organe: Ovarien minimal, blaß, ohne rote Punkte (Corpora lutea). Uterus atrophisch, von der Dicke eines Bindfadens, etwa 1 mm Durchmesser. Uterusmuskulatur blaß. Zitzen weiß, zu kleinen Rudimenten rückgebildet, die im Haar kaum sichtbar sind (vgl. **Tafel V, Abb. 1**).

5. V.   Wunde verheilt.   Implantate gut durchfühlbar.

12. V.   Zitzen angeschwollen, am Grunde gerötet (hyperämisch).

15. V.   Zitzen sehr turgeszent, rosafarben.   Zu einem Bock gesetzt erregt das Weibchen starken Trieb; unablässige Verfolgung und Aufsprungversuche.   Das Weibchen zeigt Geschlechtstrieb durch den „Schwanzreflex" (Hochheben des Schwanzes beim Verfolgtwerden).   Volle Brünstigkeit aber noch nicht vorhanden.

22. V. (25 Tage nach der Implantation) **Relaparotomie:**
Beiderseits Implantate vorhanden; aber das Implantat der einen Seite verringert, in Resorption begriffen.

Eigene Ovarien im Verhältnis zum Zustande vor der Operation bedeutend vergrößert, hyperämisch, mit hervorspringenden blutroten Körnern (frische Corpora lutea), die die Oberfläche beleben etwa wie die roten Punkte einer reifenden Himbeere. Ovarien also vollkommen ovulationsfähig.

Uterus und seine Hörner gewachsen und neu ausgebildet; enorm hyperämisch, dunkelrot; die Hörner messen 3 mm im Durchmesser. Der Uterus gleich dem eines erwachsenen brünstigen Weibchens.

Die Zeit, innerhalb welcher die außerordentliche Veränderung dieser senilen Organe vor sich geht, entspricht ungefähr der Zeit, in der die Regeneration der Gewebe und die Neubelebung der Funktionen bei senilen Männchen nach der Unterbindung bewirkt wird.

27. V.   Bauchwunde verheilt.

31. V.   Das Weibchen ist stark brünstig, erweckt heftigsten Trieb, wird oft begattet.

20. VI.   Das hochträchtige Tier baut ein Nest.

23. VI.   23 Tage nach der Begattung — nach normaler Tragzeit — vier Junge geworfen; also **nach einer zehnmonatigen Periode von Unfruchtbarkeit wieder fruchtbar geworden.** Das Tier unmittelbar nach der Geburt wieder brünstig, wie dies bei jungen Weibchen vorkommt.

26. VI.   Die Jungen werden sorgfältig gesäugt und warm gehalten.

1. VII.   Die Jungen entwickeln sich normal.

13. VII.   Die Jungen fressen schon selbständig, sind ungewöhnlich kräftig (reiche Milchsekretion des Weibchens).   Die Zitzen des Muttertieres mächtig entwickelt.

16. VII.   Das Muttertier in der Narkose beim Photographieren der Zitzen umgekommen **(Tafel V, Abb. 2).**

Die mikroskopische Untersuchung der eigenen Ovarien des Weibchens zeigt mehrere große Corpora lutea und mit Thekaluteinzellen gefüllte obliterierte Follikel, also großen Reichtum von weiblicher Pubertätsdrüsensubstanz.

5. VIII. Die Jungen sind derzeit 6 Wochen alt; besonders groß und kräftig gewachsen.

5. XII. Die Jungen sind vollreife, schöne Exemplare; werden zur Zucht verwendet.

Die verjüngende Wirkung beim senilen Weibchen macht noch stärkeren Eindruck durch die ganze Kette der erneuten **Funktion der Fruchtbarkeit und Mutterschaft.** Zunächst beeinflussen die implantierten Eierstöcke das allgemeine Befinden. Freßlust, gesteigerter Stoffumsatz, Fettbildung, Gewichtszunahme treten ein. Die Erscheinungen der Müdigkeit, Stumpfheit, Teilnahmslosigkeit schwinden. Beziehungslos zur Jahreszeit entsteht Haarwechsel und Neubehaarung. Die bessere Form und die Wiederbildung von Brunstsekreten verleihen dem alten Weibchen neuen Reiz und erwecken wieder Interesse und Geschlechtstrieb beim Männchen. Dazu kommt als ausschlaggebend die Wirkung auf die eigenen klimakterischen Ovarien. Es entwickeln sich wieder Follikel und reife Eier, die ausgestoßen werden; es entwickeln sich wieder Corpora lutea. Nach dieser Regeneration des produktiven und inkretorischen Systems übernehmen die eigenen Ovarien die Führung — unabhängig von dem weiteren Schicksal der Implantate. Auf die Ovulation folgt die Wanderung der Eier durch die Eileiter. Es folgt die Befruchtung, die Nidation und die Entwicklung der Embryonen im neurestituierten, hypertrophischen Uterus. Normales Gebären, Auftreten reicher Milchsekretion in den hyperplastisch gewordenen Mammae, Säugen und Aufziehen der Jungen zu gesundem, kräftigem Nachwuchs beschließen den Erfolg der Versuche:

Die experimentelle Beeinflussung führt beim senilen Männchen wie Weibchen zum Aufblühen einer neuen Jugend bis zur Vollendung durch Zeugungskraft und Fruchtbarkeit.

IX. Weitere Aufgaben der experimentellen Altersforschung.

Der vielen Lücken dieser Arbeit bin ich mir wohl bewußt. Die Größe des erschlossenen experimentellen Gebietes soll meine Entschuldigung sein. Ein Einzelner vermag die sich aufdrängenden Fragen nicht zu beherrschen, auch wenn er über Assistenz und reiche Mittel verfügt, geschweige denn ein Forscher wie ich, der seit Jahren ohne wissenschaftliche Hilfskraft mit den dürftigsten Mitteln arbeitet und dessen Laboratorium seit letzter Zeit — ohne Dotierung, daher ohne Diener und ohne Versuchstiere — einfach lahmgelegt ist. Das interessante Gebiet erfordert eigene Forschungsanstalten, Institute für „experimentelle und praktische Biologie“ oder für „experimentelle Altersforschung“. Mögen glücklichere Länder oder Städte den Anfang machen!

Abgesehen von den Fragen, auf welche ich schon bei Erörterung der Ergebnisse hingewiesen habe, wären zunächst folgende Aufgaben naheliegend und dankbar:

Untersuchungen am zentralen Nervensystem verjüngter Tiere in der Richtung, ob sich das Parenchym restituiert, ob die Anhäufung von Pigment in den Ganglienzellen und die Ablagerung von Amyloidkörperchen abnimmt oder vergeht.

Untersuchungen am Kreislaufapparat, inwieweit die Herzmuskelfasern regenerieren und die Verkalkung der Blutgefäße beeinflußt wird.

Vertiefung der Versuche über Wiederbelebung und Schärfung der Sinnesempfindungen (wie beim Geruchssinn); über die Regeneration der Sinnesepithelien; über die Aufhellung der Augenmedien mit Rücksicht auf die Entstehung des Stares.

Stoffwechselversuche, um zu ermitteln, ob die aufgenommene Nahrung bei der Verjüngung in ähnlichem Maß zum Aufbau verwendet wird wie beim infantilen und jugendlichen Wachstum.

Fortsetzung der Versuche über den Einfluß der Pubertätsdrüse auf andere endokrine Drüsen (z. B. auch auf Nebennieren) und über deren Wechselwirkung beim Verjüngungsvorgang.

Studien der feineren Erscheinungen bei der Neubehaarung.

Weitere Ausgestaltung der Methode durch verschiedene Kombination des autoplastischen und homoplastischen Verfahrens. Schrittweises Vorgehen durch die Unterbindung des einen, dann des zweiten Testikels und darauffolgende wiederholte Implantation behufs der weitmöglichsten Hinausschiebung des Seniums.

Herstellung eines wirksamen Extrakts aus den Testikeln größerer Tiere. Da die Pubertätsdrüse in ihrer natürlichen Verteilung gegenüber der Samendrüse eine verschwindende Substanzmenge darbietet, müßte sie durch Unterbindung oder autoplastische Transplantation von Testikeln zur Wucherung gebracht werden. Erst eine solche gewucherte inkretorische Drüse wäre ausgiebig genug, um einen wirksamen männlichen Reizstoff gewinnen zu lassen. Durch derartige Injektionen könnte das operative Verfahren sehr unterstützt, für kürzere Zeit sogar teilweise ersetzt werden.

Die auffrischende Wirkung radiumhaltiger Wässer (Gastein, Joachimsthal) ist bekannt; vermutlich beruht dieselbe auf einer leichten Wachstumsförderung der Pubertätsdrüse, was experimentell festzustellen wäre. Das sind nur ganz wenige Richtlinien für künftige Arbeit.

X. Anwendung der experimentellen Methoden und Ergebnisse beim Menschen.

Ausgehend von meinen Versuchsreihen über die Wirkung der Pubertätsdrüsen habe ich mir die Frage vorgelegt, ob der Prozeß des Alterns ein Zustand sei, dem man wie einer unheilbaren Krankheit wehrlos gegenübersteht, oder ob die Seneszenz wenigstens innerhalb bescheidener Grenzen beeinflußt werden kann. Meine Versuche haben im letzteren Sinne entschieden. Damit ist die Aufgabe des Physiologen im Hauptpunkte erledigt.

Die nächste Frage, inwieweit die experimentellen Ergebnisse auf den Menschen übertragen werden können, greift in das Gebiet der Heilkunde. Daß der Versuch aussichtslos sei, war nicht zu erwarten — schon im Hinblick auf die auf meine Experimente gestützte erfolgreiche homoplastische Behandlung der Spätkastration beim Menschen (S. 44), welch letztere in vieler Beziehung, besonders im Bereiche der Psyche ganz ähnliche Erscheinungen aufweist wie die der Seneszenz.

Welche Methoden der Operation bei der Altersbekämpfung in Anwendung kommen sollen, die autoplastische, die homoplastische oder eine Kombination beider (S. 42), wird sich aus den gesammelten Erfahrungen ergeben. Daß die autoplastische Methode erstens wegen der Kürze, Leichtigkeit und Einfachheit des Eingriffs, zweitens wegen ihrer Unabhängigkeit von fremdem Implantations-Material den größten Vorzug verdient, liegt auf der Hand.

Um die leichte Durchführbarkeit und Wirksamkeit des autoplastischen Verfahrens beim **Manne** beurteilen zu können, habe ich Kollegen Lichtenstern ersucht, dasselbe bei geeigneten Anlässen möglichst objektiv zu überprüfen. Für die Bereitwilligkeit, mit der Herr Dr. Lichtenstern seine glänzende Technik in den Dienst dieser Sache gestellt hat, spreche ich ihm auch an dieser Stelle meinen besten Dank aus.

Vorausschicken muß ich, daß die Unterbindung gelegentlich anderer örtlicher Operationen, u. zw. absichtlich ohne Wissen der Patienten vorgenommen wurde, und daß dieselben die Ursache ihrer Wandlung und ihres neuen Aufschwungs auch heute noch nicht kennen! Eine suggestive Beeinflussung war somit im Vorhinein ausgeschlossen. Aus der bezüglichen Versuchsserie (1918—1920) seien drei typische Fälle herausgehoben:

Fall I (A. W.) betrifft ein Senium praecox. Der Patient, dem Arbeiterstande angehörig, wird wegen allgemeiner Körperschwäche, Hinfälligkeit und Schmerzen in beiden Testikeln ins Spital aufgenommen.

44 J. alt, groß, im angekleideten Zustand 57 Kilo wiegend, sehr abgemagert, schlaffe, elende Muskulatur, faltiges altes Gesicht; zu körperlicher Arbeit unfähig, bei jeder Bewegung sofort ermüdet; Libido schon seit einigen Jahren fehlend; Potenz fast ganz erloschen.

Da die Testikelschmerzen von der beiderseitigen Hydrokele herrühren, wird diese unter Lokalanästhesie durch die typische Winkelmannsche Operation behoben (1. XI. 1918 Op. Dr. Lichtenstern).

Unter einem wird beiderseits die Unterbindung der Samenwege zwischen Hoden und Nebenhoden ausgeführt (Freilegung des unteren Pols des Testikels und des Nebenhodenkopfs, doppelte Ligatur der Coni vasculosi wie beim Experiment).

Nach 8 Tagen Heilung p. p. und kurz darauf Entlassung aus dem Spital.

Nach 2—3 Monaten auffallende Veränderung, Schwinden der Falten im Gesicht, Gewichtszunahme. Nach 4—5 Monaten hat sich die Muskelkraft derart gehoben, daß er als Schwerarbeiter mit Leichtigkeit 100 kg auf dem Rücken trägt. Die Muskulatur, namentlich die der Extremitäten, hat sich deutlich wahrnehmbar ausgebildet.

Libido von Neuem erwacht. Die erloschene Potenz wieder auf der Höhe stürmischer Jugendzeit; Bedürfnis nach drei bis viermaliger Betätigung wöchentlich.

Teilweise Neubehaarung am Oberschenkel und besonders ausgeprägt in der Schamgegend; auch Kopfhaar und Barthaar dichter; muß sich öfter rasieren wie früher.

Ein Jahr nach der Unterbindung beträgt die Gewichtszunahme 12 kg trotz elender Verköstigung (Gemüse, Suppen) in unserer Nahrungsnot!

Die Beeinflussung hält ununterbrochen an. Jetzt — etwa 1½ Jahre nach der Unterbindung — macht der Mann mit seinem faltenlosen frischen Gesicht und seiner strammen Haltung den Eindruck eines vollkräftigen jugendlichen Menschen.

· Fall II (E. T.) betrifft einen 71 jährigen Mann, Leiter eines großen Unternehmens.

Derselbe wird wegen linksseitigen Hodenabszesses ins Sanatorium gebracht. Septische Erscheinungen (Schüttelfröste, Temperatur von 40 Grad) fordern die rasche und radikale Entfernung des Eiterherdes. In Lokalanästhesie wird der linke Testikel in toto entfernt. (10. II. 1919 Op. Dr. Lichtenstern.)

Gleichzeitig wird am rechten gesunden Hoden (also einseitig) und zwar auch in Lokalanästhesie die Unterbindung vorgenommen. (Ligatur des Übergangs vom Nebenhoden in das Vas deferens.) Pat. ist innerhalb 24 Stunden entfiebert und verläßt nach 3 Wochen das Sanatorium.

Abgesehen von dieser akuten Krankheitsepisode leidet Patient seit Jahren an ausgesprochenen Alters- und Verkalkungserscheinungen, wie Schwindelanfällen, Atemnot, Herzschwäche, hoher Ermüdbarkeit, Zittern usw. Seit etwa 8 Jahren ist die Libido fast gänzlich geschwunden.

Innerhalb weniger Monate tritt eine außerordentliche Veränderung auf, die senilen Zustände schwinden. Das Hochgefühl der Männlichkeit kehrt zurück. Die Besserung ist nicht vorübergehend, sondern fortschreitend. Nach etwa 9 Monaten fordert Dr. Lichtenstern den ehemaligen Patienten auf, einen schriftlichen, streng tatsächlichen Bericht über den Verlauf des Befindens seit der Operation zu erstatten.

Ich kann die Wirkung des autoplastischen Verfahrens nicht treffender charakterisieren als wenn ich den Brief des ahnungslosen Mannes wenigstens auszugsweise wiedergebe:

„ . . . . . . Nach der Verheilung der Wunde suchte ich ein Erholungsheim auf, um mich zu kräftigen. Schon dort hatte ich zu meiner größten Verblüffung des Nachts bei Rückenlage erotische Träume und im Gefolge derselben starke Pollutionen. Mein Appetit artete in einen wahren Heißhunger aus und auch jetzt noch vermag ich — bei der heutigen schweren Zeit — den Ansprüchen meines Magens kaum zu genügen. Während ich früher . . . in einer tiefen seelischen Depression war, bin ich jetzt seit Monaten wieder lebensfroh. Mein Aussehen ist wieder frisch und ich bin für mein Alter recht elastisch. Leute, mit denen ich jetzt neu in Verbindung komme, halten mich für einen angehenden Sechziger und zweifeln daran, daß ich das 71. Lebensjahr vollende.

Früher, wenn ich etwas rascher ging oder einen wenn auch nur sanft ansteigenden Weg betrat, hatte ich Beschwerden und mit Atemnot zu kämpfen; jetzt hat dies beinahe vollständig aufgehört und ich bin oft eine Stunde zu Fuß . . . . .

Mein Leiden (Verkalkung), welches ich seit anderthalb Jahrzehnten habe, scheint zum Stillstand gekommen zu sein, und die Schwindelanfälle sind auf ein Minimum herabgesunken (seit 9 Monaten ein einziges Mal). Kurzum ich fühle mich nicht wie ein Mann, der das Greisenalter überschritten hat. Ich kann so wie früher in jüngeren Jahren klar denken, fließend alles ohne abzusetzen niederschreiben und ebenso fließend und zusammenhängend unter Berufskollegen sprechen. Als ein Zeichen des gestärkten Zustandes scheint mir auch, daß ich den Friseur, welchen ich früher nur alle 2—3 Wochen brauchte, jetzt jede Woche zum Haar- und Bartstutzen aufsuchen muß.

Zum Schlusse komme ich nochmals auf das sexuelle Gebiet zu sprechen. Die rasch aufeinanderfolgenden und sich jede Woche wiederholenden erotischen Träume und Erregungen reiften in mir endlich den Entschluß, natürliche Befriedigung zu suchen; und als ich dieselbe fand, war damit ein so unsagbar wohliger Genuß verbunden, wie ich ihn seit Jahren nicht mehr empfand.

Meine Hand, welche früher stark zitterte, ist jetzt fest und . . . zu den feinsten Manipulationen befähigt.

Mein Zustand bietet also ein sehr erfreuliches Bild und meine Lebensfreude ist mir wiedergegeben. . . . .“

1. Dezember 1919.

Seither sind wieder Monate verstrichen. Der 72jährige Schreiber dieser Zeilen befindet sich in einem Dauerstadium erneuerter Vollkraft.

Fall III (J. S.), 66jähriger Mann, Großkaufmann. Seit 5 Jahren fortschreitende Alterserscheinungen, wie rasche Ermüdbarkeit, Atembeschwerden beim Gehen und Stiegensteigen, Schwindelanfälle, Nachlassen der geistigen Fähigkeiten, auffallende Abnahme des Gedächtnisses. Libido außerordentlich gering, nach langen Intervallen hie und da kurz merklich. Gesicht faltig, Muskulatur sehr schwach, Stimmung niedergedrückt.

Parallel mit der zunehmenden Senilität rasch auftretender Prostatismus, der innerhalb eines halben Jahres zu vollkommener Harnverhaltung und Katheterismus führt. Trotz besonders guter Pflege und Ernährung (auch während des Krieges) stetige Gewichtsabnahme bis auf 53 kg, schwere Depressionszustände und zeitweilige psychische Störungen.

12. XI. 1919. Suprapubische Prostatektomie in Lokalanästhesie (Dr. Lichtenstern). Reaktionsloser Verlauf, aber äußerst träge Wundheilung. Allgemeinbefinden elend; Hautdecke rissig und trocken. Weitere Abnahme des Gewichtes auf 48 kg.

21. I. 1920. Beiderseitige Unterbindung des Vas deferens nahe dem Austritt aus dem Nebenhoden.

4 Wochen nach der Unterbindung außerordentliche Besserung des Allgemeinbefindens. Die Erholung und Kräftigung des Patienten nimmt von Tag zu Tag zu. Enormer Appetit, wöchentliche Gewichtszunahme etwa 2 kg.

8 Wochen nach der Unterbindung ist die körperliche Beweglichkeit, die geistige Regsamkeit, das Gedächtnis wieder zur Gänze hergestellt, — wie zur Zeit vor der Seneszenz.

Die typischen Alterserscheinungen (Atemnot bei jeder Muskelarbeit, Schwindelanfälle, Gliederschmerzen) sind restlos verschwunden.

6 Wochen nach der Ligatur beginnt — dem Patienten ganz unfaßbar — heftige Libido aufzutreten. Der bloße Gedanke an ein weibliches Wesen löst starke und langedauernde Erektionen aus. Es besteht das Gefühl erneuter, frischer Manneskraft.

Derzeit — 10 Wochen nach der Unterbindung — hat die Neuerotisierung sich noch gesteigert. Patient gibt an, seit 20 Jahren nichts Ähnliches erlebt zu haben. Libido und Potenz treten in einer Intensität auf wie zur Jugendzeit.

Das Aussehen des Patienten ist blühend; die Falten des Gesichtes haben sich geglättet; sein Auftreten ist das eines lebensfreudigen und widerstandsfähigen Mannes.

April 1920 andauernde, sich noch weiter vervollkommnende Restitution. Gewicht zirka 60 kg.

Die autoplastische Altersbekämpfung ist hiermit auch beim Menschen durchgeführt; sie bestätigt die Ergebnisse meiner Experimentalforschung.

Dem Einwurf, daß es sich in obigen Fällen nicht um echte physiologische Seneszenz, sondern um hiermit konkurrierende Erkrankung handeln könnte, ist entgegenzuhalten, daß gerade die zur Operation Anlaß gebende Erkrankung — zeitlich scharf begrenzt — erst lange nach dem Eintreten der Seneszenz begonnen hat.

In technischer Beziehung läßt sich aus den bisher operierten Fällen entnehmen, daß bei senilen Männern bzw. bei solchen, welche allgemeine und weit vorgeschrittene Seneszenz aufweisen, die Unterbindung des Vas deferens bei seinem Austritt aus dem Nebenhoden die ausgiebigsten und vollständigsten Resultate liefert, während bei vorzeitig vom Senium befallenen Individuen mittleren Alters auch die stärker eingreifende Stauung der Samenwege durch Ligatur zwischen Hoden und Nebenhoden sehr günstig wirkt.

Was den Zeitpunkt des operativen Eingriffes anbelangt, steht es außer Zweifel, daß das absolute Lebensalter nicht bestimmend sein darf. Der vorzeitige Zusammenbruch eines jüngeren Menschen ist ebenso bekämpfenswert wie die quälende Last des Greisenalters. Man wird sich hierbei die experimentellen Erfahrungen zu Nutze machen; man wird entsprechend der großen Variabilität in bezug auf Eintritt und Umfang der Alterserscheinungen individuell vorgehen. Das Experiment hat auch folgendes gelehrt: je früher oder je vereinzelter die Symptome des Alterns einsetzen, desto zwingender führt der leichte Eingriff zum Erfolg, desto dauerhafter ist die Wirkung; je allgemeiner oder je vorgeschrittener hingegen der Verfall, desto größer, desto unüberwindlicher wird der Widerstand, dem die Beeinflussung begegnet. Dies hat sich auch bei Operationen am Menschen erwiesen.

Was die Altersbekämpfung bei der **Frau** betrifft, bin ich noch nicht in der Lage, über eine ähnliche, eigens darauf abzielende Beobachtungsreihe zu berichten wie beim Manne. Aber mit Rücksicht auf die schlagende Übereinstimmung zwischen dem Tierexperiment und der operativen Behandlung des Seniums des Mannes, darf ich wohl jener Methode ein gutes Prognostikon stellen, welche sich bei den weiblichen Tieren besonders erfolgreich gezeigt hat, das ist die Implantation junger Ovarialsubstanz. Das Erschwerende dieses autoplastischen Verfahrens liegt einzig in der Abhängigkeit vom Implantations-Material.

Aus diesem Grund wird man sich in vielen Fällen doch bemühen, die alternden Ovarien selbst zu beeinrlussen —

sei es operativ durch die autoplastische Transplantation derselben (siehe S. 47), sei es auf dem Wege der Röntgenbestrahlung. Es versteht sich von selbst, daß der autoplastischen Altersbekämpfung bei der Frau wegen der früheren Involution der Keimdrüsen engere Grenzen gezogen sind.

Bezüglich der Röntgenisierung verweise ich noch einmal auf meine oben erwähnten, gemeinschaftlich mit Holzknecht ausgeführten Tierversuche über die wachstums- und funktionsfördernden Wirkungen der Ovarbestrahlung[1]). Im Zusammenhang mit diesen Experimenten habe ich nun Kollegen Holzknecht ersucht, in Fällen, wo wegen Uterusmyom oder präklimakterischen Blutungen die therapeutische Röntgenkastration vorgenommen worden war, Beobachtungen und Nachfragen über das weitere Schicksal der Patientinnen anzustellen. Dabei wurde nicht übersehen, daß es sich hier nicht um reine physiologische Seneszenz, sondern um mit ihr konkurrierende Krankheiten gehandelt hat.

Zunächst ergab sich, daß die erwarteten Zeichen einer rascheren Seneszenz nicht eingetreten sind, trotzdem vorwiegend Individuen zwischen dem 45. und 55. Lebensjahr betroffen waren; es wurde nicht über solche geklagt und in der Literatur nicht über solche berichtet. Das deutet bereits auf einen wesentlichen Unterschied zwischen der chirurgischen Kastration und der Röntgenkastration hin. Dann fielen aber positive Veränderungen in der äußeren Erscheinung auf, und viele Frauen bezeugten — vom Durchschnitt geheilter Kranker abweichend — überschwängliche Genugtuung über das Gelingen der Kur, was bisher lediglich auf die Beseitigung des lokalen Leidens geschoben wurde.

Die von Holzknecht angestellte erste Revision und Nachfrage ergab aber, daß tatsächlich die Erscheinungen der Ermüdbarkeit und Hinfälligkeit geschwunden waren, und daß sich die volle körperliche und geistige Leistungsfähigkeit wie in jüngeren Jahren wiederhergestellt hat. Ebenso berichteten die ehemaligen Patientinnen, daß nicht nur sie selbst, sondern auch Andere, die sie früher gekannt haben, spontan ein ausgesprochen gewandeltes, jugendliches Aussehen konstatieren.

Auch objektiv ließ sich diese Verwandlung am frischeren Ausdruck und Gehaben, am erhöhten Turgor der Haut und am Schwinden der Falten erheben. In psychischer Hinsicht war vielfach die ausgeprägte Steigerung der Lebens-

---

[1]) Steinach und Holzknecht, Erhöhte Wirkungen der inneren Sekretion bei Hypertrophie der Pubertätsdrüsen. Arch. f. Entw.-Mech. Bd. 42. 1916.

freude wahrzunehmen. (Auf das sexuelle Verhalten ist die Revision bisher noch nicht ausgedehnt worden.)

Man kann sich daher vorstellen, daß die Bestrahlung des menschlichen Ovars — wenn sie nicht zu intensiv ist, d. h. nicht stärker als erfahrungsmäßig, genügt, um die Menstruation zu schwächen oder eben zum Aussetzen zu bringen, — ähnliche Vorgänge auslöst, wie wir sie nach Bestrahlung beim Tier beobachtet haben; einerseits vollständige, d. i. allgemeine Atrophie des produktiven Systems, anderseits im Organ ausgebreitete oder partielle Regeneration und anschließende Wucherung des inkretorischen Gewebes. Durch eine solche Reaktivierung der alternden weiblichen Pubertätsdrüse und durch die Wiederaufnahme ihrer Wechselbeziehungen zu den anderen endokrinen Drüsen (s. S. 39) können dann diejenigen Wirkungen entstehen, welche sich als „verjüngende“ zusammenfassen lassen.

Auf Grund dieser Erwägungen käme daher bei der Frau neben der operativen Altersbekämpfung auch die Behandlung durch Ovarienbestrahlung in Betracht.

Wien, im März 1920.

Anhang.

Wortlaut der ersten schriftlichen Fassung betreffend die Hauptpunkte der vorliegenden Arbeit im Jahre 1912.

(Vorgelegt in der Sitzung der Akademie der Wissenschaften in Wien am 5. XII. 1912 unter dem Titel: **Untersuchungen über die Jugend und über das Alter.**)

Der fundamentale Einfluß der Pubertätsdrüsen auf die individuelle Entwicklung, die Abhängigkeit der körperlichen Erscheinung und der funktionellen Leistungsfähigkeit vom physiologischen Zustande und von der Menge der Pubertätsdrüsensubstanz, all diese Tatsachen, wie sie meine letzten Arbeiten experimentell dargestellt haben, legten mir den Gedanken nahe, ob es nicht möglich wäre, noch einmal im individuellen Leben die Wirkungen der Pubertätsdrüse auszulösen und wenigstens bis zu einer gewissen Grenze die Attribute und Äußerungen der Jugend wieder hervorzurufen, und die des Alters hinauszuschieben.

Diesbezügliche Versuche habe ich in den letzten zwei Jahren an alten Ratten ausgeführt. Die Beschaffung und Auswahl des Materials ist schwierig und erfordert Vorsicht. Das Intervall zwischen Lebenstüchtigkeit und Niedergang, also das Stadium der Senilität, bei diesen kurzlebigen Tieren ist sehr gering, die Sterblichkeit innerhalb dieser kurzen Periode natürlich sehr groß. Die zahmen Ratten erreichen durchschnittlich ein Alter von $2\,^1/_2$ Jahren (ausnahmsweise darüber). Die widerstandsfähigeren Tiere müssen mehrere Monate hindurch vor dem Eingriff beobachtet werden, um zu eruieren, ob diese oder jene festgestellte Alterserscheinung nicht auf anderen Ursachen als auf dem bloßen Alter beruht (z. B. auf Ernährungszuständen, Parasiten, Krankheiten). Nach diesen Vorbereitungen, fortgesetzten Wägungen und Kautelen bleiben immer nur wenige Exemplare zurück. Die überlebenden eignen sich dann aber zu einwandfreien Versuchen.

Die hauptsächlichsten Alterserscheinungen bei unseren Tieren sind: Struppiges dürftiges Haarkleid, teilweise ganz nackte Stellen oder Streifen besonders am Rücken; haararmer oder ganz nackter Hodensack; gebückte Haltung; Freßunlust, Abnehmen des Gewichtes und allgemeine

Magerkeit; auffallende Schlafsucht, Trägheit, Feigheit anderen jüngeren Männchen gegenüber; Interesselosigkeit auch brünstigen Weibchen gegenüber; dauernd geschwächte Potenz oder völlige Impotenz. Die Laparotomie zeigt schlaffe, wenig gefüllte oder leere Samenblasen und atrophische Prostata.

Die Mehrzahl der Versuche wurde an senilen Männchen ausgeführt. Ich habe bei diesen die Auffrischung der Pubertätsdrüsentätigkeit und Vermehrung der Drüsensubstanz durch doppelte Unterbindung der Vasa deferentia bewerkstelligt. Die nicht ganz leichte Ausschaltung der feinen, den Samengang begleitenden Blutgefäße, welche den Hoden versorgen, ist eine unerläßliche Bedingung für den Erfolg. Nach Ligatur des Vas deferens gehen, wie schon früher bekannt war, die generativen Anteile des Hodens, die Samenkanälchen, zugrunde, während das interstitielle Gewebe erhalten bleibt. Meine Präparate zeigen, daß schon nach mehreren Wochen eine bedeutende Vermehrung oder Wucherung der Pubertätsdrüsenzellen eintritt, welche sich zu ganzen Strängen oder Lagern vereinigen und im weiteren Verlaufe — ähnlich wie bei der Transplantation der Hoden — sich zu einer mehr weniger kompakten Drüse zusammenschließen.

Bei so operierten Tieren stellen sich, wenn keine Krankheiten (Tuberkulose, Bandwürmer oder dgl.) hinzutreten, nach einigen Wochen überraschende Resultate ein: Die Tiere werden munterer, freßlustig — sie nehmen an Gewicht zu. Die Haltung wird besser. In den nackten Hautpartien entstehen Inseln mit junger Haaraussaat, welche nach weiteren Wochen zu schönem, glänzendem Haarersatz auswächst. Der Hodensack behaart sich wieder und das gesamte Haarkleid wird dichter. Auch psychisch verrät sich die Wirkung. Die Tiere werden wieder aufmerksam bei Störungen, sie werden reinlicher (putzen sich mehr); sie werden mutiger und aggressiver beim Einsetzen eines fremden Männchens in den Käfig. War vor der Operation die Potenz nicht zur Gänze erloschen, so entwickelt sich etwa 4 Wochen nachher eine enorm gesteigerte Libido und Potenz. Herrschte vor der Operation ein dauernder Zustand von totaler Impotenz und sexueller Indolenz, so raffen sich die Tiere wieder auf oder gewinnen mindestens neues Interesse für das andere Geschlecht (intensives Verfolgen brünstiger Weibchen). Kurz, die Tiere sind kaum zu erkennen, sie machen einen frischen, einen jugendlichen Eindruck. Ich habe diesen Kontrast bei einzelnen Tieren durch photographische Aufnahmen vor und einige Zeit nach dem Eingriff fixiert.

Nicht in jedem Falle macht sich die Verjüngung ganz allgemein, d. h. auf allen Gebieten geltend. Es gibt individuelle Verschiedenheiten und dann — je weiter der senile Marasmus vorgeschritten, desto unzugänglicher erweist sich der Organismus gegenüber dem Einfluß der

Pubertätsdrüsen.　Aber eine Gruppe von markanten Erscheinungen habe ich bei allen Tieren, welche die erforderliche Beobachtungszeit von einigen Monaten überlebt hatten, ausnahmslos konstatieren können: Zunahme der Beweglichkeit, Zunahme des Gewichtes, stellenweise Erneuerung bzw. Auffrischung des Haarkleides und Wiederkehr des sexuellen Interesses.　Auch bei Ligatur eines Vas deferens allein habe ich diese Resultate gesehen.

Ich setze diese Versuche fort, um weitere Erfahrungen zu sammeln und auch, um zu entscheiden, ob der Erfolg wesentlich in einer Verlängerung der Lebenstüchtigkeit, also in einer Hinausschiebung der Senilität besteht oder ob es sich auch um eine begrenzte Verlängerung der Lebenszeit handelt, was mir nach meinen bisherigen Befunden nicht unwahrscheinlich vorkommt.

Weiterhin hoffe ich meine Versuche bald auf alternde und senile Menschen ausdehnen zu können (Ligatur des einen oder beider Vasa deferentia; Röntgenbestrahlungen der Hoden).

An alten weiblichen Tieren habe ich noch nicht so viel experimentiert wie an männlichen. Bei den alten Weibchen habe ich neue wirksame Pubertätsdrüsensubstanz durch homoplastische Ovarienimplantation eingeführt.　Eines dieser Tiere war seit vielen Monaten nicht mehr brünstig; es blieb bei stets gleicher Ernährung, Pflege und Temperatur haararm und nahm an Gewicht ab.　4 Wochen nach der günstig verlaufenen Implantation wurde es brünstig und wurde heftig besprungen; es bekam auch dichtere Behaarung und nahm an Gewicht zu.

Wien, im Oktober 1912.

Tafelerklärung.

Tafel I.

Abb. 1. Photographie eines hochsenilen Rattenmännchens vor der Einwirkung. Prot. Nr. 3, S. 28.

28 Monate alt; hat in der Jugend durch Einquetschung den Schwanz verloren (daher nur kurzen Stummel tragend). Seit vielen Monaten am ganzen Körper schwach und schlecht behaart; Rücken (Mittellinie) vollständig kahl; typische gebückte müde Haltung. Vergleich zu Abb. 2.

Abb. 2. Photographie desselben Tieres 7 Wochen nach der Einwirkung (Unterbindung der Samenwege).

Vollständige Wiederbehaarung des früher kahlen Rückens. Neubehaarung am ganzen Körper. Organische und funktionelle Wiederbelebung (vgl. Prot. Nr. 3, S. 29).

Tafel II.

Abb. 1. Seniles Rattenmännchen vor der Einwirkung. (Prot. Nr. 31, S. 35.)

Photographiert im aufgebundenen narkotisierten Zustande behufs Darstellung der seit langem bestehenden schlechten Behaarung und kahlen Flecken am Rücken. (Vergleich zu Abb. 2.)

Abb. 2. Dasselbe Tier nach der Einwirkung. (Unterbindung der Samenwege.)

Photographiert 3 Monate nach der Hodenligatur zur Demonstration der durchwegs vollständigen Erneuerung des Haarkleides. 1 Monat nach der Ligatur hatte das kräftige Neuwachstum der Haare begonnen; das Altersgepräge (Impotenz usw.) war völliger Neubelebung und sexueller Funktionstüchtigkeit gewichen; vgl. Prot. Nr. 31, S. 35.

Tafel III.

Abb. 1. Photographie eines senilen Rattenmännchens vor der Operation (zur Kennzeichnung beide Ohrenspitzen abgeschnitten!). Im allgemeinen dürftiges schlechtes Fell. Bauch, ventraler Hals, **beide Oberschenkel ganz kahl. Gebückte müde Haltung.** Vergleich zu Abb. 2 und 3.

Das Tier zeigt außerdem alle Zeichen vorgeschrittener Seneszenz, hockt teilnahmslos mit gesenktem Kopf, halbgeschlossenen Augen, schlaffen Ohren; Libido total erloschen.

Abb. 2 und 3. **Photographien desselben Tieres 2 Monate nach der Operation** (1. VI. 1914. Prot. Nr. 54). **Abb. 2: linke Körperseite. Abb. 3: rechte Körperseite.**

3 Wochen nach der Ligatur Wiederbelebung der psychischen Funktionen, insbesondere Neuerotisierung; ferner bedeutende Gewichtszunahme und beginnendes Haarwachstum.

5 Wochen nach der Ligatur weitere Steigerung der Libido, überall junge Haarbüschel sichtbar.

8 Wochen nach der Ligatur ist die neue dichte Behaarung vollendet. Jugendlich frische, mutige **Haltung;** offene lebhafte **Augen;** aufmerksame **Ohren.**

Tafel IV.

Abb. 1. **Photographie eines hochsenilen Rattenmännchens** (26 Monate alt). Auffallend die Abmagerung, Dürftigkeit des Fells und Schläfrigkeit (Geschlossenhalten der Augen); Rücken, Hüften, Oberschenkel und Füße zum Teil ganz kahl. Vergleich zu Abb. 2 (Wurfbruder).

Abb. 2. **Photographie des Wurfbruders 3½ Monate nach der Ligatur der Hoden.** Dieses Tier machte zur Zeit der Operation (10. März 1915) einen noch schlechteren Eindruck als sein Wurfbruder (Abb. 1). Wegen dieses anscheinend hoffnungslosen Zustandes wurde es zunächst nicht photographiert und nicht protokolliert. Trotz des vorgeschrittenen Verfalls trat dann — wenn auch später und langsamer als bei anderen Senilen — die volle Regeneration der Organe und Wiederbelebung der Funktionen ein. Es verhielt sich im Stadium der Verjüngung genau so wie der unter Prot. Nr. 62, S. 31 beschriebene Fall. **Es überlebte die Unterbindung 10 Monate, seinen Wurfbruder** (Abb. 1) **8 Monate.** 3 Monate nach der Unterbindung war es ein schönes, schweres Tier mit vollkommen erneuertem Fell, lebhaftem Auge und jugendlichem Ausdruck.

Tafel V.

Abb. 1. **Seniles Rattenweibchen vor der Ovarien-Implantation.** Sehr abgemagert. Photographiert im aufgebundenen und rasierten Zustand zur Demonstration der **Altersatrophie der Brustwarzen.** Vergleich zu Abb. 2.

Abb. 2. **Seniles Rattenweibchen nach der Ovarien-Implantation.** Photographiert im aufgebundenen und rasierten Zustand zur Demonstration der **neuentwickelten hypertrophischen Brustwarzen.** Das völlig restituierte Weibchen hat nach einer 10 Monate bestehenden Unfruchtbarkeit wieder aufgenommen, vier gesunde Junge geworfen und gesäugt. (Prot. Nr. 44 b, S. 49—50.)

Tafel VI.

Abb. 1. **Formolpräparat der sekundären Geschlechtsmerkmale eines senilen Rattenmännchens** (zu Prot. Nr. 40a, S. 30 gehörig „Drei Brüder desselben Wurfes"). Samenblasen und Prostata geschrumpft, leer, atrophisch. Hodensack haarlos, geschrumpft. Das Tier ist im Alter von 28¹/₂ Monaten im natürlichen Marasmus eingegangen und dient als Vergleich zu seinem Wurfbruder (Abb. 2).

> *SB* Samenblasen
> *Hb* Harnblase
> *Pr* Prostata
> *N* Niere.

Abb. 2. Formolpräparat der regenerierten Geschlechtsmerkmale des Wurfbruders 5 Wochen nach Unterbindung der Hoden (vgl. Prot. Nr. 41, S. 31).

Samenblasen sehr groß, voll ausgebildet, reich vaskularisiert und strotzend mit **Sekret gefüllt.**

Prostata (Vorder- und Hinterlappen) **mächtig entwickelt,** vaskularisiert und sekretreich. **Hodensack** ausgedehnt, **neubehaart.**

Vor der Unterbindung war Aussehen und Zustand der Geschlechtsmerkmale vollständig analog den in Abb. 1 wiedergegebenen Verhältnissen.

Der 3. Wurfbruder (vgl. Prot. Nr. 62, S. 31—34) zeigte 4 Wochen nach der Unterbindung die gleiche Regeneration der Geschlechtsmerkmale wie es Abb. 2 darstellt. Derselbe hat im verjüngten Zustande 8 Monate länger gelebt als der nichtoperierte (Abb. 1).

> *SB* Samenblasen
> *Hb* Harnblase
> *Vd* Vas deferens
> *Pr* Prostata
> *N* Niere.

Tafel VII.

Abb. 1. Formolpräparat eines senilen Rattenweibchens mit atrophischen Zitzen (Brustwarzen). Vergleich zur Wurfschwester (Abb. 2).

Abb. 2. Formolpräparat der verjüngten Wurfschwester.

Nach Implantation zweier junger Ovarien haben sich (nebst anderen Geschlechtsmerkmalen) die **Zitzen** wieder besonders **stark ausgebildet** und sind wieder **säugefähig** geworden.

Die beiden Weibchen hatten bereits viele Monate nicht mehr gezüchtet. Das operierte (Abb. 2) wurde nach Regeneration der eigenen Ovarien **wieder brünstig,** hat aufgenommen, **normale Junge geboren,** dieselben reichlich **gesäugt und aufgezogen.**

Tafel VIII.

Abb. 1. Schnitt durch den Hoden eines alten Rattenmännchens. Nicht operierter Bruder (Prot. Nr. 40a, S. 30). Vergleich zu Abb. 2.

Hämatoxylin-Eosinfärbung (Eosin schwach). Zeiß, Komp.-Ok. 6, Apochrom. 16 mm.

aSK Atrophierende Samenkanälchen.

SK Samenkanälchen mit Samenzellen verschiedener Entwicklungsstadien. Alle Kanälchen schon verengt (beginnende Degeneration), große Interstitien bildend. (Vgl. die regenerierten Kanälchen Taf. X, Abb. 2.)

P Vereinzelte Zellen (Leydigsche Zellen) der spärlichen zellarmen Pubertätsdrüse.

In anderen Teilen des Hodens ist die Altersatrophie der Samendrüse viel ausgebreiteter; Samenzellen-enthaltende Kanälchen nur vereinzelt.

Abb. 2. **Schnitt durch den Hoden des operierten Wurfbruders** (Prot. Nr. 41, S. 31) 5 Wochen nach der Ligatur.

Hämatoxylin-Eosinfärbung. Zeiß, Komp.-Ok. 6, Apochrom. 16 mm.

aSK Allgemeine Atrophie der Samenkanälchen infolge der Ligatur; dieselben sind bis auf die wandständigen, zum Teil noch gut erhaltenen Sertolischen Zellen verödet.

P Stark gewucherte zellreiche Pubertätsdrüse, die sich in dicken Strängen in den großen Interstitien verteilt. Dicht aneinandergedrängte Leydigsche Zellen in allen Wachstumsstadien. In allen Schnitten dasselbe Bild.

Bezüglich der organisch wie funktionell verjüngenden Wirkung dieser neubelebten Drüse vgl. Prot. Nr. 41, S. 30 und Taf. VI, Abb. 2.

Tafel IX.

Abb. 1. **Schnitt durch den rechten Hoden eines alten Rattenmännchens**, 2½ Monate nach der Ligatur zwischen Hoden und Nebenhoden (vgl. Prot. Nr. 56, S. 36).

Hämatoxylin-Eosinfärbung. Zeiß, Komp.-Ok. 6, Apochrom. 16 mm. Tub. 145 mm (140/1).

SK Querschnitte durch die verengten, verkleinerten, atrophischen Samenkanälchen.

PD Dicke, die großen Interstitien ausfüllende Stränge der gewucherten Pubertätsdrüse mit dicht aneinandergehäuften Leydigschen Zellen verschiedenster Wachstumsstadien.

PZ Zerstreut liegende Pubertätsdrüsenzellen.

Abb. 2. **Schnitt durch den linken, nicht unterbundenen Hoden desselben Tieres** (2½ Monate nach der Ligatur des rechten Hodens. Vgl. Prot. Nr. 56, S. 36).

Hämatoxylin-Eosinfärbung. Zeiß, Komp.-Ok. 6. Apochrom. 16 mm. Tub. 145 mm (140/1).

SK Querschnitte durch die Samendrüsen. Dieselben sind von normaler Größe und Beschaffenheit mit allen Stufen der Spermatogenese.

PD Pubertätsdrüse, weit über das normale Maß ausgebildet mit Anhäufungen von Leydigschen Zellen.

Dieses Präparat demonstriert die Beeinflussung des nichtunterbundenen Hodens seitens der gewucherten Pubertätsdrüse des unterbundenen Hodens. Zum Unterschied gegenüber unbeeinflußten alternden Testikeln (vgl. Taf. VIII, Abb. 1) finden sich hier nirgends atrophische Samendrüsen. Es ist Regeneration eingetreten. Die Pubertätsdrüse dieser Seite ist auffallend stark ausgebildet, also im Wachstum gleichfalls gefördert.

Hier ist ein neuer Fall gegeben für besonders starke Entwicklung der Pubertätsdrüse bei Unversehrtheit der Samendrüse, — ähnlich wie von mir dargestellt bei der Frühreife (Arch. f. Entw.-Mech. 1916) und beim Einfluß des warmen Klimas (Arch. f. Entw.-Mech. 1920).

Tafel X.

Abb. 1. Schnitt durch den Hoden eines operierten Rattenmännchens (Prot. Nr. 62, S. 31) 4 Wochen nach der Ligatur.   Vergleich zu Abb. 2.
Hämatoxylin-Eosinfärbung. Zeiß, Komp.-Ok. 6, Apochrom. 16 mm.
aSK Allgemeine Atrophie der Samenkanälchen infolge der Ligatur. Der Inhalt verödet mit Ausnahme eines Teiles der wandständigen Sertolischen Zellen.

P Wucherungen der Pubertätsdrüse (Anhäufungen von Leydigschen Zellen in den Interstitien). Im Zwischengewebe auch viele Durchschnitte von erweiterten Blutgefäßen sichtbar. Nach der Exstirpation dieses Hodens lebte das Tier noch 8 Monate. Bezüglich der verjüngenden Wirkung vgl. Prot. Nr. 62, S. 32 und 33.

Abb. 2. Schnitt durch den zweiten Hoden dieses Tieres 9 Monate nach der Ligatur.
Hämatoxylin-Eosinfärbung. Zeiß, Komp.-Ok. 6, Apochrom. 16 mm.
aSK Atrophisch gebliebene Samenkanälchen.
SK Vollständig regenerierte und in fortgeschrittener Regeneration begriffene Samenkanälchen. Querschnitte der Samenkanälchen von normaler Größe. In denselben reiche Spermatogenese und Anhäufung vollkommen ausgebildeter Spermatozoen.
P Pubertätsdrüsenzellen im Zwischengewebe.

Tafel XI.

Schnitt durch den Hoden eines alten Rattenmännchens, 5 Wochen nach Ligatur zwischen Hoden und Nebenhoden.
Hämatoxylin-Eosinfärbung. Stärkere Vergrößerung. Zeiß, Komp.-Ok. 6, Apochrom. 8 mm. Tub. 160 mm.
aSK Atrophische Samenkanälchen.
Se Sertolische Zellen. Zum großen Teil noch gut erhalten; ein kleinerer Teil atrophierend mit kleinen Kernen. An manchen Stellen der Samenkanalwand sind die Sertolischen Zellen geschwunden.
P Pubertätsdrüse. Die Wucherungen derselben breiten sich in dicken Strängen innerhalb der weiten Interstitien aus. Die Elemente der Pubertätsdrüse (Leydigsche Zellen) stehen dicht gedrängt, sind schön ausgebildet und zeigen alle Stadien des Wachstums.
B Querschnitte durch Blutgefäße.
(Bezüglich der verjüngenden Wirkung dieser neubelebten Drüse vgl. Prot. Nr. 41, S. 30 und Taf. VI, Abb. 2.)

Abb. 1. Vor der Einwirkung (senil).

Abb. 2. Nach der Einwirkung (verjüngt).

Verlag von Julius Springer in Berlin.

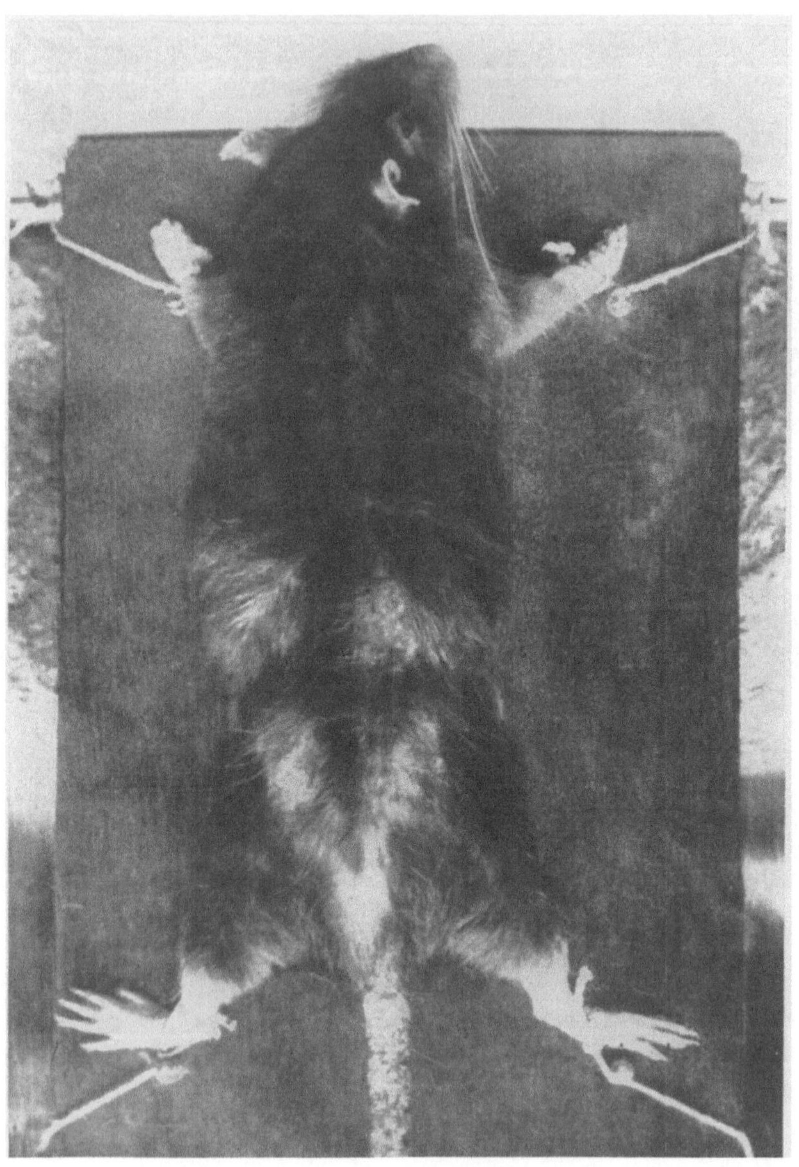

Abb. 1. Vor der Einwirkung (senil).

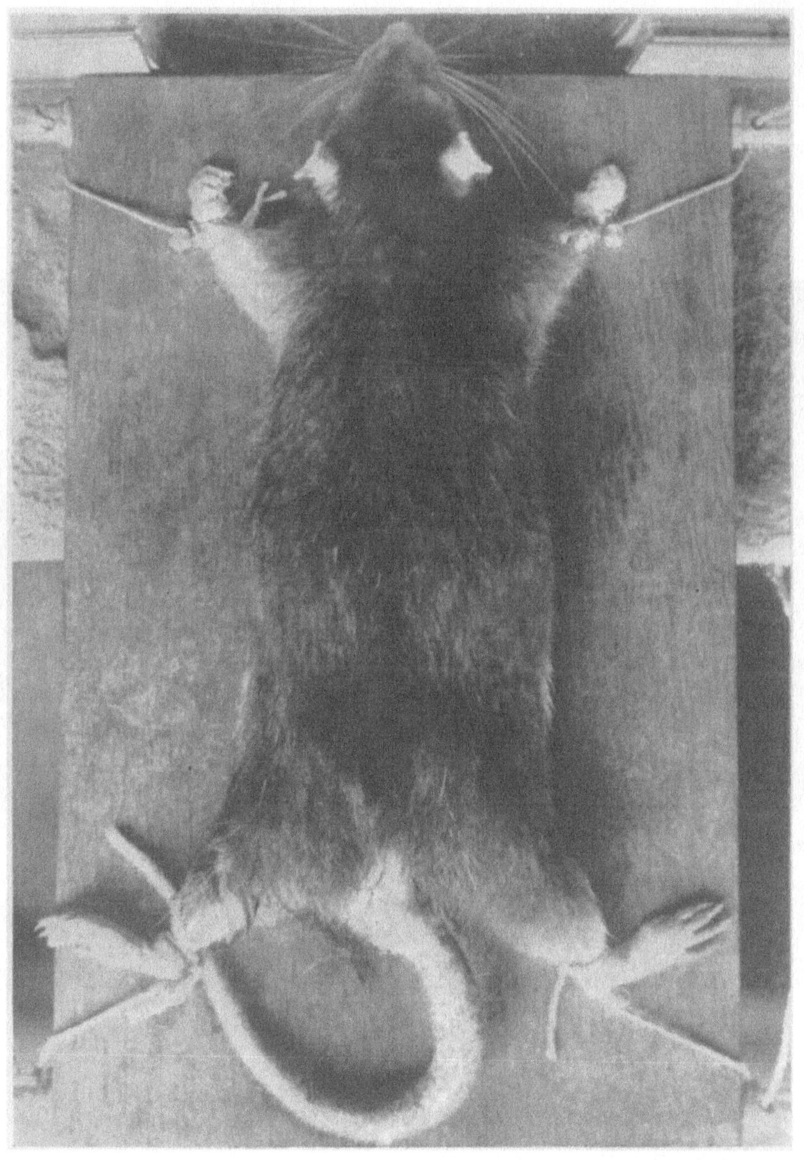

Abb. 2. Nach der Einwirkung (verjüngt).

Verlag von Julius Springer in Berlin.

Abb. 1. Vor der Operation (senil).

Abb. 2. (Linke Körperseite).

Nach der Operation (verjüngt).

Abb. 3. (Rechte Körperseite).

Verlag von Julius Springer in Berlin.

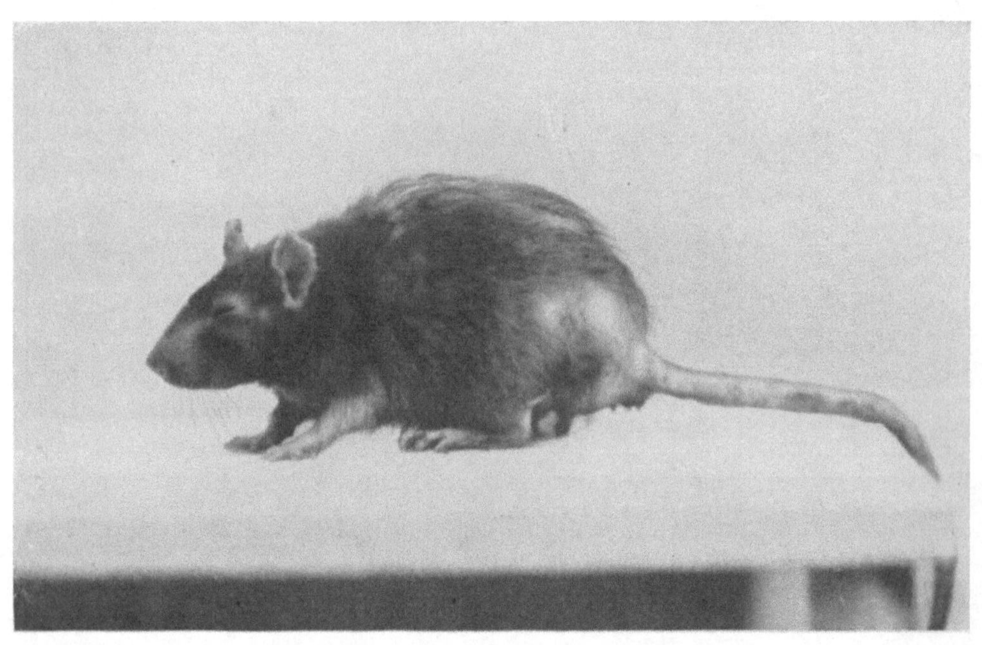

Abb. 1. Seniler Zustand.

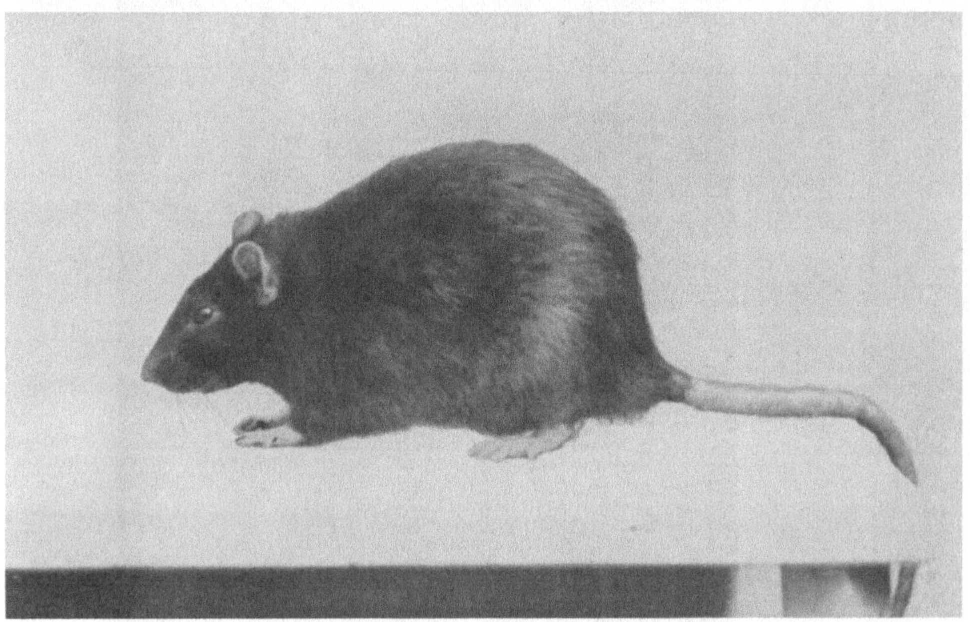

Abb. 2. Verjüngter Zustand.

Verlag von Julius Springer in Berlin.

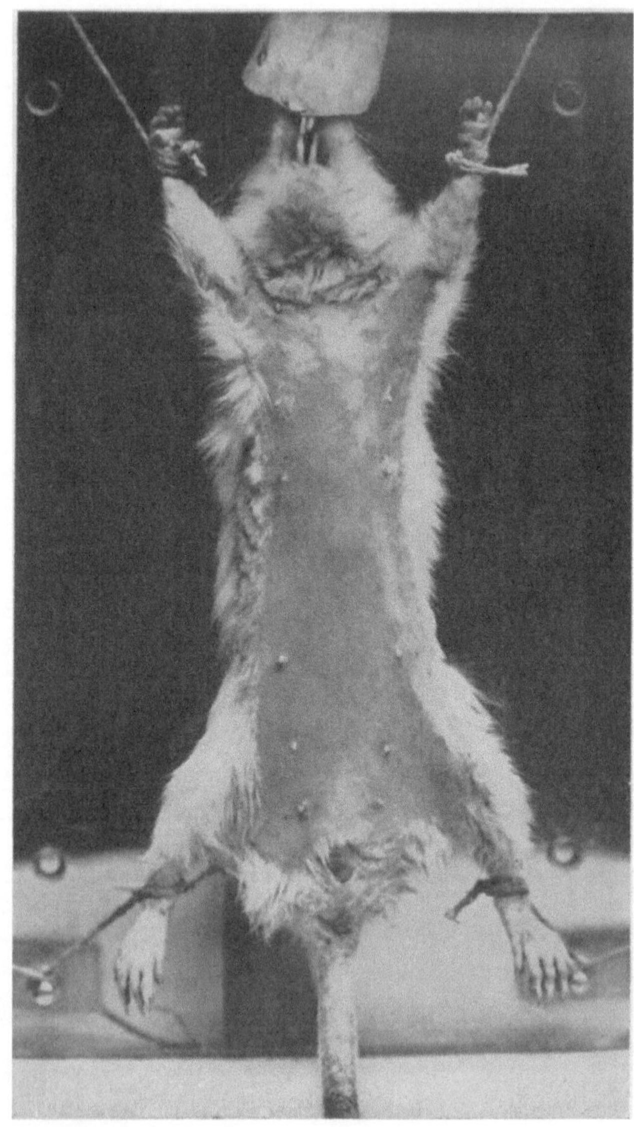

Abb. 1. Vor der Implantation (senil).

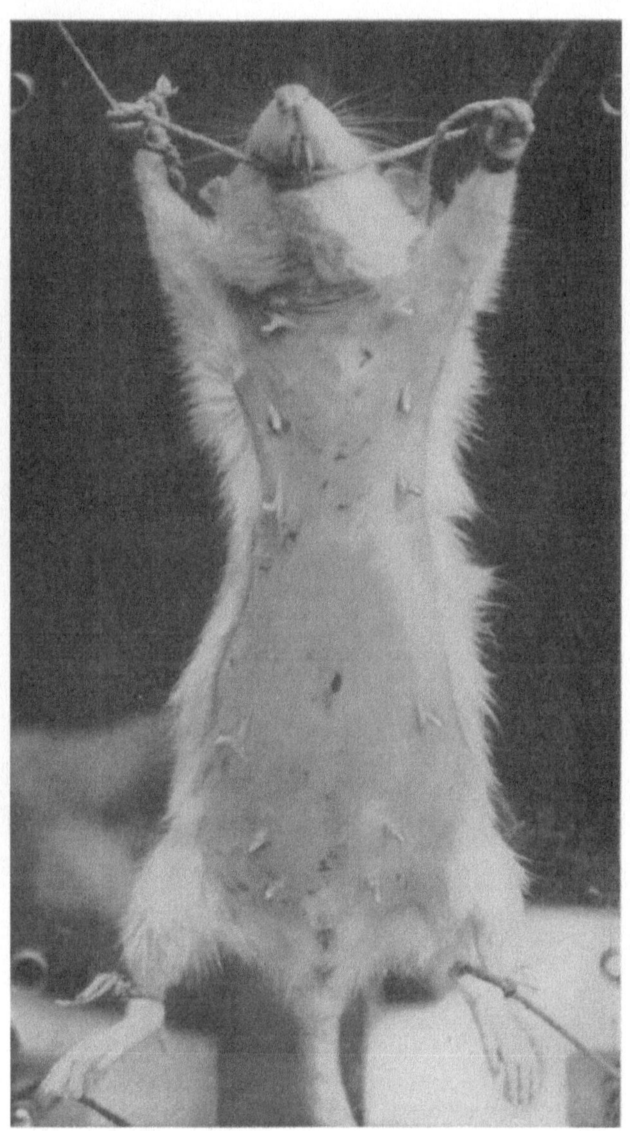

Abb. 2. Nach der Implantation (verjüngt).

Verlag von Julius Springer in Berlin.

Additional information of this book

(Verjüngung; 978-3-642-98197-5) is provided:

http://Extras.Springer.com